应用型高等院校校企合作创新示范教材

Java 基础应用与实战

主　编　彭东海　王志和　张思奇

副主编　李朝鹏　邓爱萍　李文竹　彭遨员　龚　翱

中国水利水电出版社
www.waterpub.com.cn
·北京·

内 容 提 要

本书是一本关于 Java 的计算机编程教材，共分 12 章，每个章节里有大量的实例来介绍 Java 语言和面向对象程序设计方法。本书的主要内容：Java 语法基础，Java 环境搭建，Java 书写规范，Java 变量与函数、数据类型、运算符、数组、控制语句、类与对象、方法与包、继承与多态，Java 常用类、抽象类与接口、泛型与集合、异常处理、图形界面设计、多线程、Swing 程序设计和数据库编程。

本书可作为高等院校本专科计算机相关专业的程序设计课程教材，也可为 Java 程序开发的技术人员提供一定的参考。

图书在版编目（ＣＩＰ）数据

Java基础应用与实战 / 彭东海，王志和，张思奇主编. -- 北京：中国水利水电出版社，2019.3
应用型高等院校校企合作创新示范教材
ISBN 978-7-5170-7541-7

Ⅰ．①J… Ⅱ．①彭… ②王… ③张… Ⅲ．①JAVA语言－程序设计－高等学校－教材 Ⅳ．①TP312.8

中国版本图书馆CIP数据核字(2019)第051227号

策划编辑：周益丹　　　责任编辑：周益丹　　　封面设计：梁　燕

书　　名	应用型高等院校校企合作创新示范教材 Java 基础应用与实战 Java JICHU YINGYONG YU SHIZHAN
作　　者	主　编　彭东海　王志和　张思奇 副主编　李朝鹏　邓爱萍　李文竹　彭遨员　龚　翱
出版发行	中国水利水电出版社 （北京市海淀区玉渊潭南路 1 号 D 座　100038） 网址：www.waterpub.com.cn E-mail: mchannel@263.net（万水） 　　　　sales@waterpub.com.cn 电话：（010）68367658（营销中心）、82562819（万水）
经　　售	全国各地新华书店和相关出版物销售网点
排　　版	北京万水电子信息有限公司
印　　刷	三河市鑫金马印装有限公司
规　　格	184mm×260mm　16 开本　16.75 印张　409 千字
版　　次	2019 年 3 月第 1 版　2019 年 3 月第 1 次印刷
印　　数	0001—3000 册
定　　价	39.00 元

凡购买我社图书，如有缺页、倒页、脱页的，本社营销中心负责调换

前　　言

　　Java 语言是快速发展的计算机程序语言，它展示了程序编写的精髓，其简明严谨的结构及简洁的语法编写为它的发展及维护提供了保障。Java 技术应用广泛，从大型复杂的企业级开发到小型移动设备的开发，现在随处可见 Java 活跃的身影。目前，受到来自 Java 社团和 IBM 等全球技术合作伙伴两方面的支持，Java 技术在创新和社会进步上继续发挥强有力的重要作用。并且随着其程序编写难度的降低，更多专业人员将精力放在 Java 语言的编写与框架结构的设计中。

　　本书大部分章节有代码实例，将一些难以理解的知识融入到实例里，让讲解更加清晰明了，使读者能够轻松理解，快速掌握书中的知识。本书采用一个"聊天室"项目，将所有章节重点技术贯穿起来，每章项目代码层层迭代、不断完善，最终形成一个完整的系统。通过贯穿项目以点连线，多线成面，使读者能够快速理解并掌握各项重点知识，全面提高分析问题、解决问题以及动手编程的能力。

　　聊天室项目是一个基于 C/S（Client/Server，客户/服务器）架构的系统，由 ChatClient 客户端和 ChatServer 服务器端两部分组成。客户端作为系统的一部分，主要是让用户进行设置、登录及聊天的，通过用户的匹配登录，把匹配成功的数据发送到服务器端；服务器端用于接收客户端发送来的数据，将数据保存到数据库中，并为接收保存的数据提供监控和查询功能。项目的分解如下：

- 贯穿项目（1）熟悉 Eclipse 的使用，用 Eclipse 搭建项目目录层次。
- 贯穿项目（2）通过 String 类可存储要提示的帮助信息机用户名，并可接受用户输入用户名。
- 贯穿项目（3）通过 if 判断语句，判断用户是否想要使用默认用户名。若是"否"的话，则自己输入。
- 贯穿项目（4）建立一个用户链表的节点类，再建一个用户链表，然后在主类中调用。
- 贯穿项目（5）完善代码，把之前项目里面的变量设置为私有变量。
- 贯穿项目（6）通过继承 JDialog 类实现帮助信息的窗体化，并通过继承来设置程序图标。
- 贯穿项目（7）通过使用接口 ActionListener 来实现各种监听。
- 贯穿项目（8）把之前的链表改成泛型模式，并把贯穿项目（2）改成集合表示。
- 贯穿项目（9）完善之前的贯穿项目，在其中加入异常处理。
- 贯穿项目（10）界面框架的设计与实现。
- 贯穿项目（11）生成用户信息输入对话框的类，让用户输入自己的用户名和生成连接信息输入的对话框，让用户输入连接服务器的 IP 和端口。
- 贯穿项目（12）通过数据库实现记录聊天信息与查看历史聊天信息的功能。

在本书编写过程中，湖南卓景京信息技术有限公司的 CTO（首席技术官）张思奇先生根据自身积累的开发经验，编写了其中的大量案例，在此深表感谢。

由于时间仓促及作者水平有限，本书难免有纰漏和不妥之处，敬请读者提出宝贵的意见与建议，希望能与各位读者共同交流，共同成长。

编 者

2019 年 1 月

目　　录

第 1 章　了解 Java

 学习目标

本章学习下列知识:
- Java 的历史与发展。
- Java 语言的特性。
- Java 的开发环境及其配置。
- Java 文档。
- Java 开发规范。

使读者具备下述能力:
- 了解 Java 语言，理解它的优越性。
- 熟悉 Java 开发工具和开发环境配置。
- 编写简单的 Java 程序。
- 为自己的程序生成说明文档。
- 规范化地编程。

1.1　了解 Java

1.1.1　Java 语言的由来与发展

20 世纪 90 年代中期，SUN 公司的 James Gosling 和其他开发人员致力于开发一个交互式的 TV 项目，Gosling 不满意他当时正在使用的 C++。C++是一种面向对象的编程语言，它是由 AT&T 的贝尔实验室的 Bjarne Stroustrup 于 1979 年在 C 语言的基础上发展而来的，最初将这种语言称为 "带类的 C"，1983 年改名为 C++。

Gosling 把自己关在办公室，创建了一种适合其项目的语言，该语言解决了 C++中一些令他失望的问题。虽然 SUN 的交互式 TV 项目最后仍以失败告终，但出乎人们意料的是，在此期间开发出来的新语言却适用于此时逐渐流行的互联网。这种语言就是 Java 的早期版本，在 1992 年秋天问世的时候称为 Oak 语言，于 1995 年正式更名为 Java。

1995 年秋天，SUN 以自由开发包的方式发布了 Java，该开发包可从 SUN 公司的官方网站下载。虽然与当时的 C++（以及当今的 Java）相比，该语言的大多数特性过于初级，但被称作小程序（Applet）的 Java 程序可作为 Web 页的一部分运行在 Netscape Navigator 浏览器中。这种功能是第一种用于 Web 的交互式编程技术，给这种新语言提供了极大的舆论攻势，在短短的 6 个月内便吸引了数以十万计的开发人员。

在人们对 Java Web 编程技术的好奇过后，该语言的整体优势逐渐清晰，现在程序员们仍在继续使用它。调查表明，当前职业 Java 程序员人数已经超过了 C++程序员。

Java 最早被正式应用于 Applet 小程序，它主要被嵌入到网页中运行，实现客户端漂亮完美的动态效果。目前很多电子地图、网页图表等都在采用 Applet 技术。我们将在后续章节中学习和应用 Applet 小程序。

随着 Java 技术本身不断的完善，Java 技术的应用几乎遍及到整个 Internet，其应用领域已经涉及到电子商务、电子政务、远程教学、远程医疗、科学研究、智能卡、遥控设备、移动通信以及最近风靡的手机游戏等。可以说，Java 技术已经深入到人们的日常生活了。

1.1.2　Java 语言的特性

Java 是一种面向对象的、独立于平台的安全语言，它比 C 和 C++更容易学习，且比 C 和 C++更能避免被误用。

面向对象编程（Object Oriented Programming，OOP）是一种软件开发方法，它将程序视为一组协同工作的对象。对象是使用被称作类的模板创建的，它们由数据和使用数据所需的语句组成。Java 是完全面向对象的编程语言，在后面的内容中，当你创建第一个类并使用它来生成对象时将会深刻地明白这一点。

独立于平台指的是无需修改程序便能够使其运行在不同的计算环境中。Java 程序被编译成一种名为字节码格式的“class”文件，字节码文件可以在任何带有 Java 解释器的操作系统、软件或设备上运行。可以在 Windows 环境下创建 Java 程序，然后在 Linux Web 服务器上使用 OS X 的 Applet Mac 和 Palm 个人数字助理环境下运行它。只要运行平台安装了 Java 解释器，便可以运行字节码程序。

Java 作为一种跨平台的编程语言，具有丰富的特性。

1. 简单性

Java 最初的设计是源于对独立平台的需要，是为了对家用电器进行集成控制而设计的一种语言，因此它必须简单明了。Java 语言的简单性主要体现在以下三个方面：

- Java 的风格类似于 C++，从某种意义上讲，Java 语言是 C 及 C++语言的一个变种，因此，学习过 C++的程序员可以很快就掌握 Java 编程技术。
- Java 摒弃了 C++中容易引发程序错误的地方，如指针和内存管理等。
- Java 提供了丰富的类库。

2. 安全性

设计一门计算机语言时，安全性是权衡其市场占有量的一个很重要的标准。一方面，由于 Java 摒弃了 C++的指针和内存管理，所以避免了非法内存操作；另一方面，当 Java 用于网络编程时，Java 语言功能和浏览器本身提供的功能结合起来，使得它更为安全。

3. 可移植性

可移植性是指不用修改程序代码就可在不同的软、硬件平台上运行。由于 Internet 将许多不同类型的计算机和操作系统连接在一起，要使连接到 Internet 上的各种平台都能正常地访问 Internet 资源，就需要生成可移植执行的代码。

可移植性一直是 Java 程序员的精神指标，也是 Java 之所以能够受到程序员喜爱的原因之一。Java 依靠 Java 虚拟机（Java Virtual Machine，JVM）实现了它的可移植性。大多数编译器产生的目标代码只能运行在一类 CPU 上（如 Intel 的×86 系列），即使那些能支持多种 CPU 的编译器也不能同时产生适合多种 CPU 的目标代码。如果你需要在三种 CPU（如×86、SPARC

和 MIPS）上运行同一程序，就必须编译三次。但 Java 编译器就不同了。Java 编译器产生的目标代码 J-Code 是针对一种并不存在的 CPU-Java 虚拟机，而不是某一实际的 CPU。Java 虚拟机能掩盖不同 CPU 之间的差别，使 J-Code 能运行于任何具有 Java 虚拟机的机器上。

4. 面向对象性

面向对象可以说是 Java 最重要的特性。Java 语言的设计完全是面向对象的，它不支持类似 C 语言那样的面向过程的程序设计技术。Java 支持静态和动态风格的代码继承及重用。单从面向对象的特性来看，Java 类似于 Small Talk，但其他特性、尤其是其适用于分布式计算环境的特性远远超越了 Small Talk。

5. 健壮性

Java 致力于检查程序在编译和运行时的错误。类型检查可检测出许多开发初期出现的错误。Java 程序操纵内存减少了内存出错的可能性。数组越界会对内存中其他的数据产生覆盖，造成程序崩溃，Java 实现了真数组，避免了数据覆盖的可能，如果数组越界将会抛出异常 Array Index Out Of Bounds Exception，这样提高了程序的健壮性。Java 提供 Null 指针、数组边界、异常检测，以及对字节代码的校验等，这些功能大大缩短了 Java 应用程序的开发周期。

6. 多线程性

多线程功能使得在一个程序里可同时执行多个小任务。线程有时也称小进程，是一个大进程里分出来的小的独立进程。因为 Java 实现了多线程技术，所以比 C 和 C++ 更健壮。多线程带来的更大的好处是具有更好的交互性和实时控制性。当然实时控制性还取决于系统本身（UNIX，Windows，Macintosh 等），在开发难易程度和性能上都比单线程更好。任何用过浏览器的人都觉得等待一幅图片的显示是一件烦恼的事情。在 Java 中，你可用一个单线程来显示一幅图片，同时你可以访问 HTML 里的其他信息而不必等待图片的下载过程。

7. 体系结构中立

为了使 Java 作为网络的一个整体，Java 将它的程序编译成一种结构中立的中间文件格式。只要有 Java 运行系统的机器都能执行这种中间代码。目前 Java 程序能运行的操作系统有 Solaris、Windows、Mac OS X 和 Linux 等。"*.Java" 源程序被编译成一种高层次的与机器无关的字节码（byte-code）格式语言，这种语言被设计在虚拟机上运行，由与机器相关的运行调试器实现执行。

8. 解释执行与高性能

Java 解释器（运行系统）能直接运行目标代码指令。链接程序通常比编译程序所需要资源少，所以程序员可以在创建源程序时花费更多的时间。

如果解释器速度不慢，Java 可以在运行时直接将目标代码翻译成机器指令。SUN 用直接解释器一秒钟内可以调用 3,000,000 个过程。翻译目标代码的速度与 C 和 C++ 没什么区别。

Java 语言的字节码经过仔细设计，很容易使用即时编译技术（Just In Time，JIT）将字节码直接转换成高性能的本机代码。

9. 分布式

Java 包括一个支持 HTTP 和 FTP 等基于 TCP/IP 的子库。因此，Java 应用程序可凭借 URL 打开并访问网络中的对象，其访问方式与访问本地对象几乎完全相同。为分布式环境尤其是 Internet 提供动态内容无疑是一项非常宏伟的任务，但 Java 的语法特性却使我们很容易地完成这项任务。

10. 动态性

Java 的动态特性是其面向对象设计方法的发展。它允许程序动态地装入运行过程中所需要的类。Java 编译器不是将对实例变量和成员方法的引用编译为数值引用，而是将符号引用信息在字节码中保存下来传递给解释器，再由解释器完成动态链接类后，将符号引用信息转换为数值偏移量。这样，一个在存储器生成的对象不在编译过程中决定，而是延迟到运行时由解释器确定。这样对类中的变量和方法进行更新时就不至于影响现存的代码。解释执行字节码时，这种符号信息的查找和转换过程仅在一个新的名字出现时才进行一次，随后代码便可以全速执行。在运行时确定引用的好处是，可以使用已被更新的类，而不必担心影响原有的代码。如果程序连接了网络中另一系统中的某一类，该类的所有者也可以自由地对该类进行更新，而不会使任何引用该类的程序崩溃。

1.1.3 Java 的运行机制

Java 程序的运行机制包括编写、编译、运行三个步骤。编写是指在 Java 开发环境中进行程序代码的开发，最终形成后缀为 ".java" 的 Java 源文件；编译是指使用 Java 编译器对源文件进行错误排查的过程，编译后将生成后缀为 ".class" 的字节码文件；运行是指使用 Java 解释器将字节码文件翻译成机器代码，执行并显示结果。这一过程如图 1-1 所示。

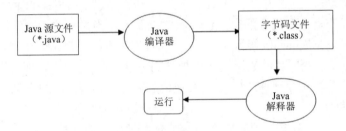

图 1-1　Java 程序运行流程图

字节码文件是一种和任何具体机器环境及操作系统环境无关的中间代码，它是一种二进制文件，是 Java 源文件经 Java 编译器编译后生成的目标代码文件。它必须由专用的 Java 解释器来解释执行。Java 解释器负责将字节码文件翻译成具体硬件环境和操作系统平台下的机器代码，它运行在被称为 Java 虚拟机（JVM）的软件平台之上。

Java 虚拟机是运行 Java 程序的软件环境，在运行 Java 程序时，首先会启动 JVM，然后由它来负责解释执行 Java 的字节码，利用 JVM 可以把 Java 字节码程序和具体的硬件平台以及操作系统环境分隔开来，只要在不同的计算机上安装了针对具体平台的 JVM，Java 程序就可以运行，而不用考虑当前具体的硬件平台及操作系统环境，也不用考虑字节码文件是在何种平台上生成的。JVM 是 Java 平台无关性的基础，Java 的跨平台特性正是通过在 JVM 中运行 Java 程序实现的。JVM 跨平台原理图如图 1-2 所示。

1.1.4 Java 的版本

Java 自发布 1.0 版本以来，便以飞快的速度向前发展着。Java2 标志着 "Java 新时代" 的开始，SUN 公司将 Java 产品重新组装为 J2SE（Java2 平台标准）。Java 发展过程中的几个阶段见表 1-1。

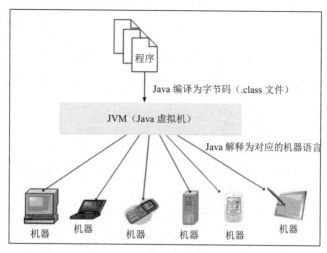

图 1-2　JVM 跨平台原理图

表 1-1　Java 的发展史

日期	版本号	说明
1995 年 5 月 23 日	无	Java 语言诞生
1996 年 1 月	JDK1.0	JDK 1.0 诞生，还不能进行真正的应用开发
1998 年 12 月 8 日	JDK1.2	企业平台 J2EE 发布，里程碑式的产品，性能有所提高，具有完整的 API
1999 年 6 月	Java 三个版本	标准版（J2SE），企业版（J2EE），微型版（J2ME）
2000 年 5 月 8 日	JDK1.3	JDK1.3 发布，对 JDK1.2 进行改进，扩展标准类库
2000 年 5 月 29 日	JDK1.4	JDK1.4 正式发布，提高了系统性能，修正一些 Bug
2001 年 9 月 24 日	J2SE1.3	J2SE 1.3 正式发布
2002 年 2 月 26 日	J2SE1.4	计算能力有了大幅提升
2004 年 9 月 30 日	J2SE1.5 Java SE 5.0	Java 语言发展史上的重要里程碑，从该版本开始，增加了泛型类、for-each 循环、可变元参数，自动打包、枚举、静态导入和元数据等技术。为了表示该版本的重要性，J2SE 1.5 更名为 Java SE 5.0
2005 年 6 月	Java SE 6.0	发布 Java SE 6.0，此时 Java 的各种版本已更名，取消数字 "2" 分别更名为：Java EE、Java SE、Java ME
2006 年 12 月	JRE 6.0	SUN 公司发布 JRE 6.0
2009 年 4 月 20 日	收购	甲骨文 74 亿美元收购 SUN，获得 Java 版权
2011 年 7 月 28 日	Java SE 7.0	甲骨文发布 Java SE 7.0 正式版
2014 年 3 月 18 日	Java SE 8.0	又一里程碑，甲骨文发布 Java SE 8.0，增加 Lambda、Default Method 等新特性
2017 年 9 月 21 日	Java SE 9.0	增加新特性：Jigsaw 项目，模块化源码，轻量级 JSON API，智能 Java 编译，代码分段缓存等。
2018 年 3 月 26 日	Java SE 10.0	局部变量类型推断，并行完整 GC，应用程序类数据共享等改进

1.2 开发工具与环境配置

1.2.1 开发工具

Java 程序的开发工具 JDK 的安装程序可以登录 Oracle 官方网站下载最新版本。Oracle 官方网站：http://www.oracle.com，JDK-1.10.0 的下载地址：http://www.oracle.com/technetwork/java/javase/downloads/jdk10-downloads-4416644.html。

这里使用 JDK-1.10.0 版本。安装成功后，JDK 安装的默认路径是"C:\Program Files\Java\jdk-1.10.0"，如图 1-3 所示。

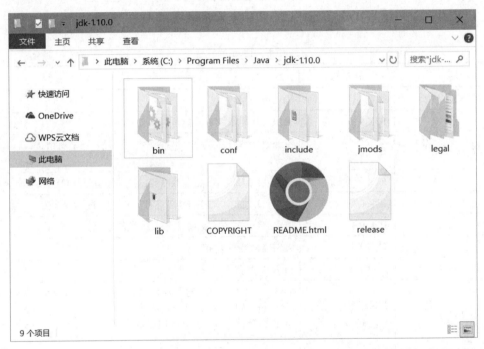

图 1-3   JDK-1.10.0 安装目录

在 JDK-1.10.0 安装目录下，有些文件夹和文件是需要了解的，具体说明见表 1-2。

表 1-2   JDK-1.10.0 安装目录下的文件夹说明

文件夹	说明
bin	提供了 JDK 的工具程序，包括 javac、java、javadoc、appletviewer 等程序
lib	提供了工具程序使用的 Java 工具类

在 bin 文件夹中，有些程序也是需要熟练掌握其应用的，具体见表 1-3。

表 1-3　bin 文件夹下的程序及其使用说明

程序	使用说明
javac.exe	Java 程序编译器。它读取 Java 源代码，并将其编译成字节码文件（*.class）
java.exe	Java 程序执行器。它用来执行编译后的"*.class"文件
jdb.exe	Java 程序调试器。它为 Java 程序提供了一个命令行调试环境，既可在本地，也可在与远程的解释器的一次对话中执行
javadoc.exe	Java 参考文档生成器。它从 Java 源程序中提取信息生成 HTML 格式的软件参考文档，这些 HTML 文件描述了 Java 类文件的类、变量、成员方法，所有 Java 类库的 API-HTML 文件都可以由此程序创建
appletviewer.exe	Applet 程序观看器。用它来在浏览器中观看 Applet 小程序。它的简单用法是 appletviewer XXX.html，其中 XXX.html 是嵌入了 Applet 的 HTML 文档，扩展名不能省略
jar.exe	Java 类包程序生成器。它可以用来将 Java 应用程序压缩成".jar"文件

1.2.2　环境配置

关于 JDK-10.0.1 的安装和配置，需要重点说明的是 Path 和 Classpath 这两个配置。

在配置 Path 和 CLASSPATH 前，新建一个系统变量 JAVA_HOME，里面存储 JDK 位置，目的是为了以后 JDK 的升级。图 1-4 和图 1-5 为 Win10 打开环境变量界面进行参数配置的一般方法。

图 1-4　打开此电脑属性

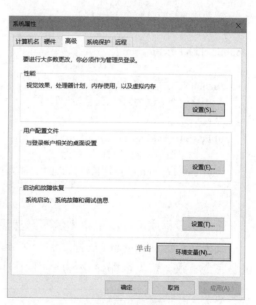

图 1-5　打开环境变量

Path 配置主要指运行的程序所在的目录，在环境变量里配置该参数信息，如图 1-6 所示。CLASSPATH 配置主要解决 Java 程序编译或运行时找不到类的问题，也就是指定 Java 程序需要的类路径，如图 1-6 所示。

变量	值
CLASSPATH	.;%JAVA_HOME%\bin;%JAVA_HOME%\lib\tools.jar;G:\sqljdbc4 \...
ComSpec	C:\WINDOWS\system32\cmd.exe
GTK_BASEPATH	C:\Program Files (x86)\GtkSharp\2.12\
JAVA_HOME	C:\Program Files\Java\jdk-10.0.1
NUMBER_OF_PROCESSORS	8
OS	Windows_NT
Path	%JAVA_HOME%\bin;%JAVA_HOME%\jre\bin;C:\Program Files (x...

图 1-6   配置 CLASSPATH 和 Path

下面对 ".;%JAVA_HOME%\bin;%JAVA_HOME%\lib\tools.jar" 进行说明。

- "." 代表当前目录，意味着编译时程序会从当前目录下寻找需要的类。
- "%JAVA_HOME%\lib" 代表指定的目录，意味着编译时程序会从指定目录下寻找需要的类。（%JAVA_HOME%表示 C:\Program Files\Java\jdk-10.0.1）。
- "%JAVA_HOME%\lib\tools.jar" 代表指定的类库包，意味着编译时程序会解压缩 tools.jar 包，并从中寻找需要的类。

1.2.3   编写简单的 Java 程序

有了上面的基础知识之后，就可以编写一个简单的 Java 程序了。

【例 1-1】

```
/**
 * 这是我编写的第一个 Java 程序
 */
public class FirstProgram {
  /**
   * main()方法是程序的入口
   * 注意这个方法的写法，注意大小写
   */
  public static void main(String[] args) {
    /* 让程序在命令窗口打印一句话*/
    System.out.println("我是长沙卓京的一名学子！");
  }
}
```

上面的这段程序可以用记事本编写，然后保存为 FirstProgram.java 文件。

实践提示：FirstProgram 是程序的一个 public 类，所以文件名必须和类名相同，并且大小写也要完全一致。接下来编译该程序，操作指令如图 1-7 所示。

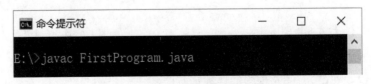

图 1-7   编译程序

然后查看该目录下是否有 FirstProgram.class 文件生成，如果有，那么这就是编译好的类文件。运行该类文件并查看运行结果，具体操作如图 1-8 所示。

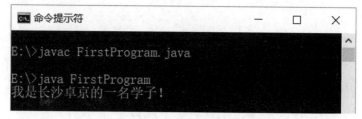

图 1-8　执行程序

现在来解释一下程序的内容，其中：

```
/**
 * 这是我编写的第一个 Java 程序
 */
```

这是对类的注释和说明。这种格式不是随便定义的，为了将来生成说明文档必须这样写，详细信息请参考本章"Java 开发规范"一节的内容。

```
/**
 * main()方法是程序的入口
 * 注意这个方法的写法，注意大小写
 */
```

这是对 main()方法的注释和说明，也是为了将来生成说明文档而必须这样写的。

```
/* 让程序在命令窗口打印一句话*/
```

这是对方法中一条语句的注释和说明，跟前面两段注释不一样，它只是对编写程序的说明，跟生成文档无关。

```
public class FirstProgram {
public static void main(String[] args) {
    System.out.println("我是长沙卓京的一名学子！");
    }
}
```

这是一段完整的程序，声明了我们编写的第一个类，类中只定义了一个主方法（main()方法），主方法里只写了一条控制台输出语句。

1.2.4　编写比较复杂的 Java 程序

如果上面的程序运行没有问题了，请继续编译和运行下面这个程序，深入了解 Java 程序结构。

【例 1-2】

```
/**
 * 编写一个 Java 程序，看看生成多少个类文件
 */
public class ManyClasses{
    public static void main(String args[]){
        System.out.println("看看我们这次生成多少个类文件?");
    }
}
class Dog{
}
```

```
class Student{
}
class Score{
}
class QQLoginForm{
}
```

程序编译完之后，会生成 5 个类文件，如图 1-9 所示。

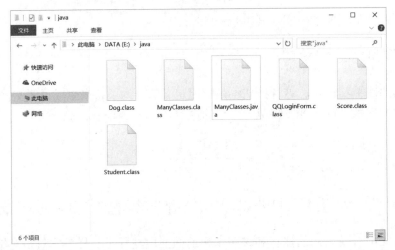

图 1-9　生成类文件

从这个程序中可以认识到：

- 一个 Java 程序源文件可以由很多类（class）组成。如例 1-2 程序中就包括了 ManyClasses 类、Dog 类、Student 类、Score 类、QQLoginForm 类这五个类。
- 一个 Java 程序源文件只能有一个类是 public 的，并且该类的类名和文件命名要完全一致，包括大小写。
- 每个源文件中的 class 类都将被编译成一个.class 字节码文件，这就是类文件。

1.2.5　编写比较完整的 Java 程序

学习完前面两个相对简单的程序，我们对 Java 程序有了大致的了解。接下来看一个比较完整的 Java 程序，完整地了解 Java 程序结构。

【例 1-3】

```
package org.zjxx.java.chapter1;
    import java.awt.Frame;
    //这是一个比较完整的程序
    public class FullProgram {
    public static void main(String[] args) {
    Frame f=new Frame("第一个演示窗体");    //生成窗体对象
    f.setBounds(400, 400, 400, 120);        //设置窗体在屏幕的显示位置及大小
    f.setVisible(true);                     //让窗体显示出来
    Student s=new Student();
    s.introduce();
```

```
      }
    }
    class Student{
    String name="张三";
    int age=20;
    public void introduce() {
        System.out.println("我叫："+name+" 我的年龄是："+age);
    }
}
```

分析一下这个程序，其中第一句代码是：

package org.zjxx.java.chapter1;

此句代码声明了包 org.zjxx.java.chapter1，具体包的声明与使用将在第 4 章介绍，这里只是有个感性认识。包是类的一种组织形式，在 Java 里将会用到很多类，数量能达到数万、数十万甚至上百万。这么多类总要分门别类吧，包的作用就是组织类，把类放在不同的包中，再把包放到更高的一级包中，依次类推，使类组织成一个有机的整体。

在例 1-3 中，把生成的类放到 org 包→zjxx 包→java 包→chapter1 包中，共设置了四级包。

查看生成的结果，我们发现在当前目录下生成了四级文件夹，即 org 文件夹→zjxx 文件夹→java 文件夹→chapter1 文件夹。

实践提示：虽然包的形式与文件夹的形式相同，但不可以把包当成文件夹一样去处理。自己创建、删除、修改包都是不允许的。

第二条语句是：

import java.awt.Frame;

此条语句是导入需要的 Frame 类，这个类存放在 java.awt 包中。因为 Java 的类库很庞大，不可能把所有的类一次性全导入到程序中，所以只需要导入编写代码时使用的类。Frame 类是窗体框架类，后续将用它生成窗体并将窗体显示出来，所以要导入该类。

在 FullProgram 类中，有一个 main()方法，在该方法中包含下面的语句，

```
Frame f=new Frame("第一个演示窗体");
f.setBounds(400, 400, 400, 120);
f.setVisible(true);
```

这三条语句实现生成窗体对象、设置窗体显示位置及大小、显示窗体的功能。第 4 章会具体讲解类和对象的使用，这里只对代码作了解。

```
Student s=new Student();
s.introduce();
```

这两条语句是生成自定义的 Student 类的对象，并调用对象 introduce()方法实现学生自我介绍功能。

在程序的最后，又声明了一个 Student 类，如下所示：

```
class Student{
    String name="张三";
    int age=20;
    public void introduce() {
        System.out.println("我叫："+name+" 我的年龄是："+age);
    }
}
```

声明一个 Student 类，里面定义了两个变量 name 和 age，及一个方法 introduce()，在该方

法中实现了向控制台输出一句话的功能。

程序运行结果如图 1-10 所示。

图 1-10   程序运行效果

在图 1-10 中，前面的小窗口是一个 Frame 窗体，后面的大窗口是控制台窗口，我们输出了一句话到控制台上。

通过这个程序可以了解到：给自定义的类声明包，以便于类的组织和管理，关键字用 package，包声明语句必须放在第一行；导入程序需要的类，关键字用 import，可以有多条导包语句。

Java 源程序由很多类组成，类中可以声明变量，称之为类的属性；类中也可以声明若干个方法，称之为类的方法。

Java 源程序结构如图 1-11 所示。

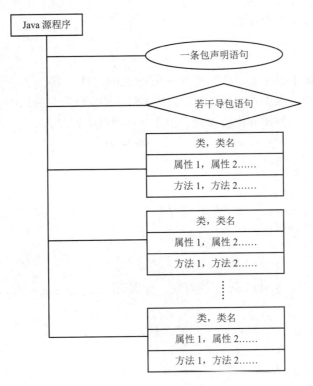

图 1-11   Java 源程序结构

1.2.6   Eclipse 开发工具

虽然用记事本可以编写 Java 程序，但是当代码量和程序复杂度提升时，就会显得力不从心了，这时候集成开发环境（IDE）就可以大展身手了。本节之后，将用到 IBM 公司的 Eclipse 开发工具。来开发 Java 语言程序。

　　Eclipse 是一个开放源代码的、基于 Java 的可扩展开发平台。就其本身而言，它只是一个框架和一组服务，用于通过插件组件构建开发环境。（进入 Eclipse 的官方下载网页 http://www.eclipse.org/downloads/单击 DOWNLOAD 进行下载。下载完成后即可使用。

1.3　Java 文档

1.3.1　查阅 JDK 文档

　　SUN 公司提供的 Java 文档是学习和使用 Java 语言过程中经常使用的参考资料之一。但是长期以来只有英文版的 Java 文档，对于中国地区的 Java 开发者来说相当地不便。SUN 公司组织多方力量将此文档翻译成中文，并于 2005 年 10 月 31 日在 SUN 中国技术社区正式发布第一批中文版 Java 文档(包括 java.lang 和 java.util 类库 API 文档的中文版)。目前已经完成 J2SE5 的全部 API 文档的中文版。现在 SUN 公司已被甲骨文公司收购。开发人员可以通过网址 https://www.oracle.com/cn/index.html 在线浏览相关文档，也可以将全部文档下载到本地以方便查找和使用。

1.3.2　生成自己程序的文档

　　可以用 javadoc.exe 程序生成自己的文档，操作步骤如图 1-12 所示。

图 1-12　生成文档命令

　　对语句 javadoc –d mydoc *.java 的说明如下：
- -d mydoc 是程序运行的参数信息，是将生成的文档存放到 mydoc 文件夹里，如果没有这个文件夹将会自动创建。
- *.java 是指定当前目录下所有的 Java 源程序都要生成文档。

　　程序执行完毕后，会看到如图 1-13 所示的 HTML 文档。

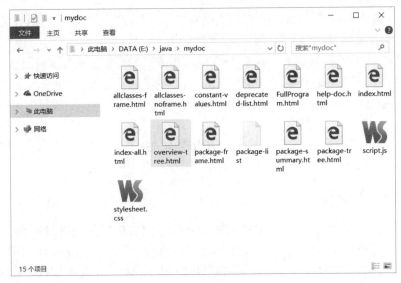

图 1-13   生成 HTML 文档

打开主页 index.htnml，会看到如图 1-14 所示的页面。

图 1-14   index.html 文档内容

这时就知道我们之前的很多操作有什么意义了。

1.4   Java 开发规范

虽然有些概念还没有讲，但不影响学习规范。在步入 Java 殿堂之前，应该树立规范编程的概念。表 1-4 列出了所有包、类（接口）、方法、变理和常量的命名规范。

表 1-4　包、类（接口）、方法、变理和常量的命名规范

标识符类型	命名规范	例子
包	全部小写。 标识符用点号 "." 分隔开来。为了使包的名字更易读，SUN 公司建议包名中的标识符用点号来分隔。 SUN 公司的标准 Java 分配包用标识符 java.开头。 全局包的名字用机构的 Internet 保留域名开头	package org.zjxx.java; package com.microsoft.sql;
类（接口）	类或接口的名字应该使用名词。 每个单词第一个字母应该大写。 避免使用单词的缩写，除非它的缩写已经广为人知，如 HTTP	class Hello; class HelloWorld; interface Apple;

方法	第一个单词一般是动词。
	第一个单词的第一个字母是小写，但是后面每个单词的第一个字母都是大写。如果方法返回一个成员变量的值，方法名一般为 "get+成员变量名"；若返回的值是 bool 变量，一般以 is 作为前缀。
	如果方法修改一个成员变量的值，方法名一般为 "set+成员变量名"
		getName();
		setName();
		isFirst();

变量	第一个字母小写，中间单词的第一个字母大写。 不要用 "_" 或 "&" 作为第一个字母。 尽量使用短而且具有意义的单词。 单字符的变量名一般只用于生命期非常短暂的变量。i、j、k、m、n 一般用于 integers；c、d、e 一般用于 characters。 如果变量是集合，则变量名应用复数。 命名组件采用匈牙利命名法，所有前缀均应遵循同一个组件名称缩写列表	String myName; int[] students; int i; int n; char c; Button btNew; （bt 是 Button 的缩写）
常量	所有常量名均全部大写，单词间以 "_" 隔开	int MAX_NUM;

1.4.1　Java 格式规范

（1）每行一条语句，一条语句不要超过 80 个字符，超过部分换行书写。

（2）缩进后续行，说明如下：

● 当你将变量设置为某个值时，所有后续行的缩进位置应与第一行的变量值相同。

● 当调用一个方法时，后续行缩进到第一个参数的开始处。

● 当你将变量或属性设置为等于表达式的计算结果时，请从后面分割该语句，以确保该表达式尽可能放在同一行上。

（3）在执行统一任务的各个语句组之间插入一个空行。好的代码应由按逻辑顺序排列的进程或相关语句组构成。

（4）if 判断、for 循环、while 循环等程序块都要有 "{" 开始和 "}" 结束，哪怕只有一句话，如：

```
if(10>9){
    System.out.println(" 10 比 9 大");
}
```

虽然下面这么写没有任何问题。

```
if(10>9) System.out.println("10 比 9 大");
```

但为了养成良好习惯，还是要求大家按照上面的规范格式去书写。

（5）if 判断的写法。

```
if(condition) {
    statements;
}else if(condition) {
    statements;
}else{
    statements;
}
```

（6）for 循环写法。

```
for(initialization; condition; update) {
    statements;
}
```

如果语句为空，则为：

```
for(initialization; condition; update) ;
```

（7）while 循环写法。

```
while(condition) {
    statements;
}
```

如果语句为空，则为：

```
while (condition);
```

（8）try-catch 异常处理写法。

```
try {
    statements;
}catch(ExceptionClass e) {
    statements;
}finally {
    statements;
}
```

1.4.2　Java 注释规范

（1）块注释，主要用来描述文件、类、方法、算法等。一般用在文档和方法的前面，也可以放在文档的任何地方。以"/*"开头，以"*/"结尾，例如：

```
/*
*   注释
*/
```

（2）行注释，主要用在方法内部，对代码、变量、流程等进行说明。与块注释格式相似，但整个注释只占据一行，例如：

```
/*注释*/
```

（3）尾随注释，与行注释功能相似，放在代码的同行，但是要与代码之间有足够的空间，便于区分清楚，例如：

```
int m=4 ;    /*注释*/
```

如果一个程序块内有多个尾随注释，每个注释的缩进应该保持一致。

（4）行尾注释，与行注释功能相似，放在每行的最后，或者占据一行。以"//"开头。

（5）文档注释，与块注释相似，但是可以被 javadoc 处理，生成 HTML 文件。以"/**"开头，"*/"结尾。文档注释不能放在方法或程序块内，例如：

```
/**
* 注释
*/
```

1.5　贯穿项目（1）

项目引导：本章的贯穿项目主要是应用 Eclipse 开发工具来创建 Chat 项目，并搭建 Chat 项目的目录层次。以下为详细步骤。

1. 在 Eclipse 中创建 Chat 项目

（1）选择 File→New→Project 命令，如图 1-15 所示。

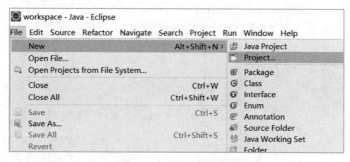

图 1-15　新建项目菜单

（2）在弹出的 New Project 向导对话框中，选择 Java Project 选项然后单击 Next，按钮（如果 New 后直接有 Java Project 可直接单击），如图 1-16 所示。

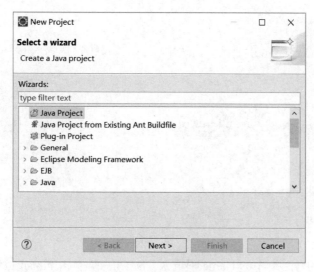

图 1-16　选择项目类型

（3）在弹出的对话框中，在 Project name 项输入项目名称 ChatTool，单击 Finish 按钮，如图 1-17 所示。

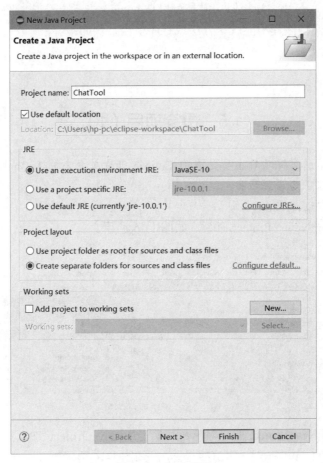

图 1-17　新建项目

2. 创建包（Packge）

（1）在创建好的 ChatTool 项目下，选中 src 右键单击，选择 New→Package 命令，如图 1-18 所示。

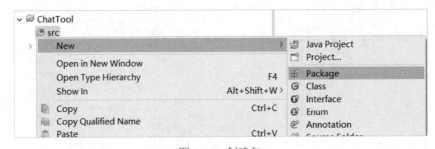

图 1-18　创建包

（2）在弹出来的对话框中的 Name 项输入 ChatClient，单击 Finish 按钮，如图 1-19 所示。用同样的方法，再创建一个名为 ChatServer 的包，如图 1-20 所示。

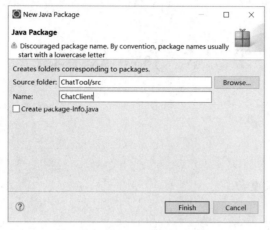

图 1-19　创建 ChatClient 包

图 1-20　创建完毕的两个包

1.6　本章小结

本章首先介绍了什么是 Java 语言、Java 语言的发展史、Java 的运行机制以及 Java 的特征；然后介绍了在 Windows 系统平台搭建 Java 开发环境和配置变量的方法，演示了编写一个简单 Java 程序的步骤，并逐渐使程序完整；接下来介绍了 Eclipse 开发工具的特点、下载、安装以及入门程序的编写；最后介绍了 Java 开发规范。通过本章的学习，读者能够对 Java 语言以及相关特性有一个概念上的认识，需要读者重点掌握的是 Java 开发环境的搭建、Java 的运行机制以及如何使用 Eclipse 开发应用程序。

第 2 章 Java 数据处理

 学习目标

本章学习下列知识:
- Java 程序中的变量与函数。
- Java 数据类型。
- Java 变量与常量。
- Java 数组。
- Java 运算符。
- String 类和 StringBuffer 类。

使读者具备下述能力:
- 熟悉 Java 语言的基础语法。
- 掌握 Java 的数据处理技巧和编程能力。
- 编写规范的 Java 数据处理程序。
- 掌握 String 与 StringBuffer 的区别与用法。
- 掌握数学包装类 Math 类、Object 类。

2.1 变量与函数

变量和函数是程序设计最基本的也是最重要的两个要素。在后续课程里要学习的很多设计模式和设计思想,归根到底都是在变量和函数上做文章。因此深入理解变量和函数是极其重要的。
- 变量是用来保存数据的。
- 函数是用来实现操作过程的。

当我们出去买东西时,要准备钱包和提兜,这两件东西类似于我们的变量;我们去买东西,在买这个操作过程中,必然要用到钱包和提兜,这个操作过程类似于我们的函数。这就是变量和函数的作用。

数据的保存是靠变量来完成的;函数可以处理数据,可以把数据传进函数体,也可以把数据传出函数体。

函数的参数是数据的入口,函数没有参数,数据就进不到函数中来。例如:

```
void print(int age){
        System.out.println("年龄是: "+age) ;
}
```

在这个函数中,定义了整型参数,一个整型数据可以通过参数传进函数体内,实现打印功能。这个函数提供的参数就成了数据入口。

如果变成这样：

```
void print(){
        System.out.println("。。。。。。");
}
```

函数就没有了数据入口，数据也就无法传入函数体内了。这种函数适用于不带数据传入的纯操作。同样的，函数的返回值是数据的出口，要想从函数得到结果，就必须为函数定义返回值。

分析下面这两个程序，看看有什么不同。

【例 2-1】

```
public class Student {
    private int age;
    private String name;
    public void tell(){
        System.out.println("我是谁？");
    }
    public void showAge(){
        System.out.println("谁能告诉我，我多大了?");
}}
```

【例 2-2】

```
public class Student {
    private int age;
    private String name;
    public void setAge(int a){
        age=a;
    }
    public void setName(String n)    {
        name=n;
    }
    public void tell(){
        System.out.println("我是："+name);
    }
    public void showAge(){
        System.out.println("我的年龄是："+age);
}}
```

在这里不要求大家完全理解这两个程序，只需要大家明白变量和函数的作用。在第一个程序中，两个函数都没有参数，也没有返回值，两个变量都是 private 私有的，那就意味着这个类对外是封闭的，数据传不进去，也取不出来。

在第二个程序里，多了两个带参数的函数，这就意味着外界可以传递数据了，而数据又被分别保存到变量中，所以 tell()函数和 showAge()函数都能显示合适的信息。

这些是理解变量和函数所需要掌握的知识。我们后续要学习的语法知识，其实都是在学习变量和函数的应用。数据类型、数组等是对变量的拓展；程序控制、表达式、运算符、语句等是在研究函数的实现问题。图 2-1 和图 2-2 表示了变量和函数的相关概念。

最后强调一下，我们称类中的变量为属性，类中的函数为方法。类是由属性和方法组成的。

注意：类里只能定义属性和方法，不能直接写语句，这是初学者常犯的错误。

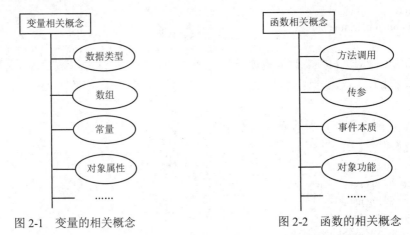

图 2-1　变量的相关概念　　　　　　　图 2-2　函数的相关概念

2.2　数据类型

Java 数据类型包括基本数据类型、类、接口及数组。像其他编程语言一样，Java 同样支持多种数据类型。可以使用这些类型声明变量或创建数组。学过 Java 后将看到，Java 对这些内容的处理方法是清楚、有效且连贯的。

强类型语言表示数据类型是强制定义的语言。也就是说，一旦一个变量被指定为某个数据类型，如果不经过类型转换，那么它就永远是这个数据类型了。Java 语言是一种强类型语言。它的安全性和健壮性有一部分就是来自于它是强类型语言的事实。在 Java 语言中，首先，每个变量都有类型，每个表达式也有类型，而且每种类型都是严格定义的。其次，所有的数值传递，不管是直接的还是通过方法调用经由参数传过去的，都要先进行类型相容性的检查。有些语言没有自动强迫进行数据类型相容性的检查或对冲突的类型进行转换的机制。Java 编译器对所有的表达式和参数都要进行类型相容性的检查以保证类型是兼容的。任何类型的不匹配都是错误的，在编译器完成编译以前，必须改正错误。

我们需要了解，基本数据类型是在栈里存放，而对象是存放在堆里的。Java 语言里面参数传递全部都是值传递的，也就是把实参复制一份出来赋值给形参。下面举例来说明。

【例 2-3】
首先构造一个名为 Student 的类。

```java
public class Student{
    int age = 20;
}
```

然后创建 Student 类的对象。

```java
Student a = new Student();
```

执行 new Student()的时候，堆中产生了一个 Student 类对象，该对象有个 int 型的属性 age，其值是 20，并且赋值给了一个 Student 类的引用 a，也就是引用 a 指向一个 Student 类对象。再来看下述的赋值语句：

```java
Student b=a ;
```

该语句把引用 a 赋值给了引用 b。现在的状况是栈里有两个 Student 类引用 a 和 b，它们在栈内的值是相同的。按照 C 语言指针的观点来说，a 和 b 存放的是一个地址；按照 Java 的说法，a 和 b 引用到了同一个对象。那么对于 a 或者 b 的操作实质上都是操作着同一个对象，例如：

```
a.age=10;
System.out.println(b.age) ;
```

下面再写一个 Test 类。

```
public class Test {
    public static void func(Student b) {
        b.age=22;
    }
    Public static void main(String[] args) {
     Student a=new Student() ;
     System.out.println(a.age) ;        //a.age 的属性值为 20
     func(a);                           //把 a.age 属性值变成 22
     System.out.println(a.age) ;
    }
}
```

当调用 func(a)方法的时候，a 是一个 Student 类对象的引用，它存在于栈中，是把 a 这个引用的值，也就是栈里面这个值赋值给形参 b，相当于 b=a 的操作。所以实际上，func()方法里面的形参变量 b 和 main()方法中的局部变量 a 是两个栈里面的变量，但是它们引用了同一个 Student 类对象，所以修改任何一个，另外一个会跟着变动。

2.2.1　Java 的基本数据类型

Java 的 8 种基本数据类型见表 2-1。

表 2-1　Java 的 8 种基本数据类型

数据类型	数据大小	取值范围
byte	1 字节	-128～127
short	2 字节	-32768～32767
int	4 字节	-2147483648～2147483647
long	8 字节	-9223372036854775808～9223372036854775807
float	4 字节	1.4e-045～3.4e+038
double	8 字节	4.9e-324～1.8e+308
char	2 字节	0～65535
boolean	1 字节	True/false

下面分别对表 2-1 中的 8 种基本数据类型进行说明。

1．byte 类型

Java 定义了 4 个整型数据类型，分别为 byte、short、int 和 long。其中 byte 类型称之字节型，是最小的整型。它是一个有符号的 8 位整数类型，其范围为-128～127，占用 1 个字节。

字节型变量在使用网络传输或文件复制的数据流时非常有用，特别是当使用二进制数据时，它显得尤为重要。

使用 byte 关键字声明一个字节型变量，例如下面的语句声明两个字节型变量 a 和 b。

byte a ;

byte b ;

2．short 类型

short 类型又称为短整型，它是一个有符号的 16 位整数类型，范围为-32768～32767，占用 2 个字节。short 类型被定义为高字节优先，在通常使用中很少用到它。

声明一个 short 变量如下所示：

short s;

3．int 类型

int 类型是我们平常应用得最多的整型，它是一个有符号的 32 位整数类型，范围为-2147483648～2147483647，占用 4 个字节。int 型的变量常用来控制循环或作为数组下标。

声明一个 int 类型变量如下所示：

int i ;

下面的例子用 int 型变量控制循环，打印 5 句"Hello World!"。

【例 2-4】

```
public class test {
    public static void main(String[] args) {
        for (int i = 0; i < 5; i++) {
            System.out.println("Hello World!");
        }
    }
}
```

程序的输出结果如图 2-3 所示。

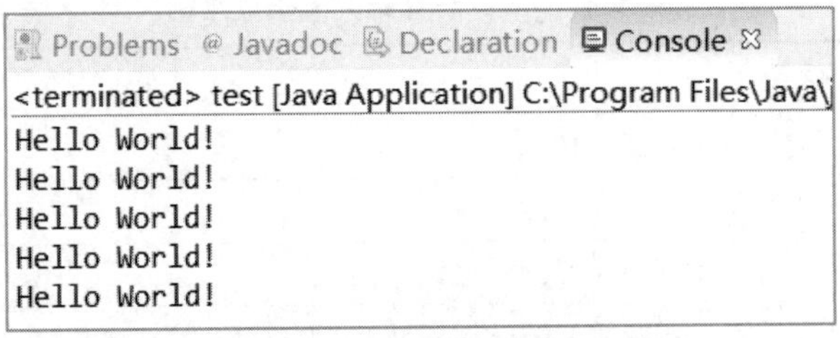

图 2-3   int 类型应用演示

4．long 类型

long 类型又称为长整型，它是一个有符号的 4 位整数类型，范围为-9223372036854775808～9223372036854775807，占用 8 个字节。它常用来保存 int 类型无法保存的比较大的整数。

声明一个 long 类型变量，如下所示：

long l;

下面例子将一年的时间换算成毫秒。

【例 2-5】

```
public class test {
    public static void main(String[] args) {
```

```
    long MSEL;
    long sec=1000;
    MSEL=365*24*60*60*sec;
    System.out.println("一年内有"+MSEL+"毫秒。");
  }
}
```

程序的输出结果如图 2-4 所示。

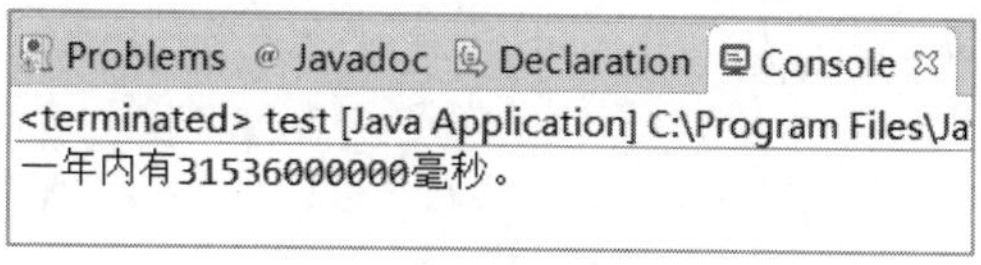

图 2-4　long 类型应用演示

从输出结果可以看出，这个数值已经超出了 int 型变量的取值范围了，所以选择使用 long 类型来保存。

5．float 类型

float 类型和 double 类型统称为浮点型，也叫实数。平常应用中如果数值涉及到小数点后的话，就需要用浮点型来保存数值。例如计算平方根，或 sin()、cos()等三角函数。

float 类型代表单精度，使用 32 位存储 float 类型值，它的范围为 1.4e-045～3.4e+038。在对小数精度要求不高的时候，用 float 类型来保存数是比较合适的。如果对小数精度要求比较高，则用 double 类型来保存数据。

声明一个 float 类型变量如下所示：

float length=12.2f;

下面的例子用来保存一个长方形的面积值。

【例 2-6】

```
public class test {
  public static void main(String[] args) {
    float length=12.2f;
    float width=8.5f;
    float area ;
    area=length*width ;
    System.out.println("长为"+length+"，宽为"+width+"的长方形面积为："+area);
  }
}
```

程序的输出结果如图 2-5 所示。

图 2-5　float 类型应用演示

6．double 类型

double 类型代表双精度，使用 64 位存储 double 类型值，它的范围为 4.9e-324～1.8e+308。在处理一些高速运算的时候，双精度型比单精度型速度快。例如计算 sin()、cos()等三角函数，返回的都是 double 类型值。也就是说，当数值对小数精度要求比较高的时候，就需要用 double 类型变量来保存数值。譬如我们熟悉的圆周率 π，用 double 类型来保存就比较合适。

声明一个 double 类型变量如下所示：

double pi=3.1415926;

下面的例子计算半径为 5.5 的圆的面积。

【例 2-7】

```java
public class test {
    public static void main(String[] args) {
        double r=5.5 ;
        double pi=3.1415926 ;
        double area=pi*r*r;
        System.out.println("半径为"+r+"的圆的面积为： "+area);
    }
}
```

程序的输出结果如图 2-6 所示。

图 2-6　double 类型应用演示

7．char 类型

在 Java 中，char 类型是用来存储字符的，它是一个 16 位的整数类型，范围为 0～65536，没有负数的形式。Java 是使用 Unicode 来表示字符的。Unicoce 是一个国际化的字符集，可以表示人类语言中所有的字符，例如阿拉伯文、拉丁文、希腊语、日文片假名等。平常应用中，我们所熟知的 ASCII 标准字符集的范围为 0～127，扩展的 8 位字符集，即 ISO-Latin-1 的范围为 0～255。

下面的例子输出了 ASCII 为 97 和 65 所对应的字符。

【例 2-8】

```java
public class test {
    public static void main(String[] args) {
        char c1='a' ;
        char c2=97 ;
        char c3='A' ;
        char c4=65 ;
        System.out.println("c1： "+c1+", c2： "+c2+", c3： "+c3+", c4： "+c4);
    }
}
```

程序的输出结果如图 2-7 所示。

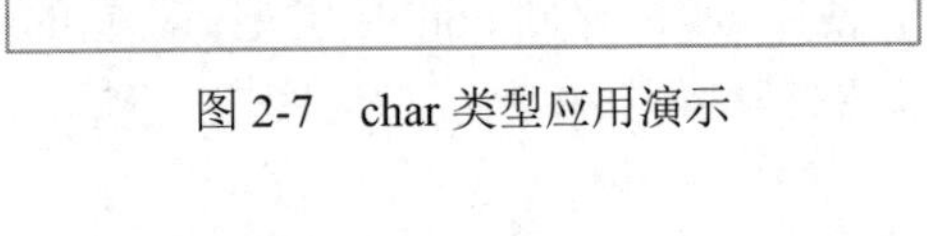

图 2-7　char 类型应用演示

8. boolean 类型

boolean 类型称为布尔类型，在 Java 中表示一个逻辑值，常用它来判断真、假，是所有关系运算的返回类型。在应用中，常用它来控制判断语句或循环语句，如 if(true){}或 while(true){}等。

下面来看一个演示 boolean 类型的程序。

【例 2-9】

```java
public class test {
    public static void main(String[] args) {
        int a=1;
        int b=2;
        System.out.println("a<b is "+(a<b));
        //只有满足当 a<b 为真的时候输出
        if(a<b){
            System.out.println("1<2");
        }
    }
}
```

程序的输出结果如图 2-8 所示。

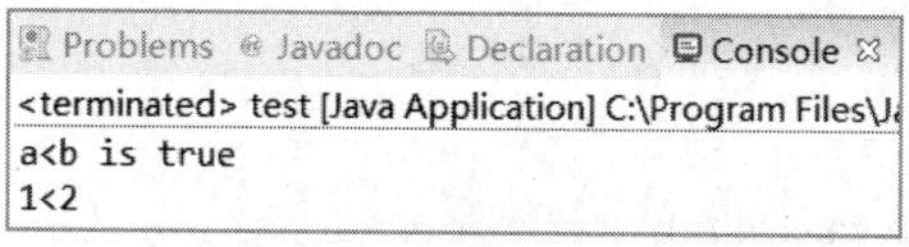

图 2-8　boolean 类型应用演示

2.2.2　基本数据类型的封装类

为了实现一些复杂的数据操作，Java 在 8 种基本数据类型的基础上又定义 8 种封装类，具体见表 2-2。

表 2-2　Java 的 8 种封装类

基本数据类型	封装类
byte	Byte
short	Short
int	Integer
long	Long
float	Float
double	Double
char	Character
boolean	Boolean

我们注意到，所有的封装类的名字都以一个大写字母开头，并与相应的基本数据类型的名字相关联。封装类可以存储和返回基本数据类型，要产生一个封装类的对象，必须通过运算符 new 来生成，不能像基本数据类型变量一样，直接定义并生成。所有的封装类都是只读类

型，没有任何方法修改其内容。

下面来看一个关于封装类的例子。

【例 2-10】

```
public class EncapsulationTest {
    public static void main(String[] args) {
        //Byte 封装类
        byte b1='a';
        Byte by=new Byte(b1) ;
        byte b2=by.byteValue() ;
        System.out.println(b2);
        //Integer 封装类
        String str="123";
        Integer in=new Integer(str) ;
        int i1=in.intValue() ;

        String str2="456";
        int i2=Integer.parseInt(str2) ;
        System.out.println(i1+i2);
        //Character 封装类
        Character ch=Character.valueOf('A');
        char a=ch.charValue() ;
        System.out.println(a);
    }
}
```

在这个程序里，我们实现了 Byte、Integer 及 Character 封装类的一些方法，其他封装类的使用也是大同小异，读者可以自己动手试试。

2.2.3　复杂数据类型——类和接口

同简单数据类型的定义一样，Java 虚拟机（JVM）还定义了索引（Reference）数据类型。索引类型可以"引用"变量，由于 Java 没有明确地定义指针类型，所以索引类型可以被认为就是指向实际值或者指向变量所代表的实际值的指针。一个对象可以被多于一个以上的索引所"指"。JVM 不直接对对象寻址而是操作对象的索引。

索引类型分成三种，它们分别是：类（Class）、接口（Interface）和数组（Array）。索引类型可以引用动态创建的类实例、普通实例和数组。索引还可以包含特殊的值，这就是 null 索引。null 索引在运行时并没有对应的类型，但它可以被转换成任何类型。索引类型的默认值就是 null。

1．类

类（Class）指的是定义方法和数据的数据类型。从内部来看，JVM 通常把 class 类型对象实现为指向方法和数据的一套指针。定义 class 类型的变量只能引用类的实例或者 null，如以下代码所示。

【例 2-11】

```java
public class ClassTest{
    public static void main(String args[]){
        MyTest mt1=new MyTest();   //合法
        MyTest mt2=null;           //合法
        //MyTest mt3=0;非法，编译时会报错
    }
}
class MyTest{
    public MyTest(){
        System.out.println("Hello");
    }
}
```

2. 接口

接口（Interface）好比一种模版，这种模版定义了对象必须实现的方法，其目的就是让这些方法可以作为接口实例被引用。接口不能被实例化。类可以实现多个接口并且通过这些实现的接口被索引。接口变量只能索引实现该接口的类的实例。

下面这个例题定义了一个接口，名字是 MyInterface ，同时还定义了一个类 MyTest2，这个类实现接口 MyInterface。

【例 2-12】

```java
public class InterfaceTest{
    public static void main(String args[]){
        MyTest2 mt=new MyTest2();
        mt.work();
    }
}
class MyTest2 implements MyInterface{
    public void work(){
        System.out.println("I'm working!");
    }
}
interface MyInterface{
    public void work();
}
```

3. 数组

Java 数组（Array）是动态创建的索引对象，这一点和类非常相似。此外，同类一样，数组只能索引数组的实例或者 null ，如以下代码所示。

```java
int[] array1 = new int[5];
int[] array2 = null;
```

数组继承 Object 类，这样，Object 类的所有方法都可以被数组所调用。数组对象由元素组成。元素的数目可以为 0，这种情况下称数组为空。所有的数组都是从 0 开始对元素编号的，这意味着数组内的第一个元素的索引编号是数字 0。所有对数组元素的访问都会在运行时接受检查，如果试图使用编号小于 0 或者大于数组长度来索引元素就会产生 ArrayIndexOutOf-

BoundsException 异常并被扔出。

数组的元素按整型值索引，如以下代码所示。

【例 2-13】

```
public class test {
    public static void main(String args[]) {
        int[] myArray = { 1, 2, 3 };
        int a = myArray[0];
        int b = myArray[1];
        int c = myArray[2];
        System.out.println(a + "--" + b + "--" + c);
    }
}
```

程序的输出结果如图 2-9 所示。

图 2-9　输出数组元素

需要注意的是，数组对象的长度一旦被定义后是不能变化的。为了改变数组对象的长度，必须创建另一个数组并将其赋给变量。关于数组的相关知识将在后续部分详细介绍。

2.2.4　数据类型转换

在具体开发过程中，常常会把一种数据类型的值赋给另一种数据类型的变量，在这个过程中就需要进行数据类型的转换。在 Java 中，数据类型的转换分为自动类型转换和强制类型转换两种。

1. 自动类型转换

自动类型转换在互相兼容的数据类型间进行。比如数字类型是相互兼容的，而数字类型和 char 类型或者 boolean 类型是不兼容的。实现自动转化需要满足以下两个条件：

- 两种类型是相互兼容的，例如 int 型可以兼容所有有效的 byte 值。
- 目的类型要比源类型表达的数据范围广。

下面来看一个关于自动类型转换的例子。

【例 2-14】

```
public class test{
    public static void main(String args[])    {
        byte b='a';
        int i=b;
        System.out.println("byte-->int:"+i);
        float f=i;
        System.out.println("int-->float:"+f);
        double d=b;
        System.out.println("byte-->double:"+d);
    }
}
```

程序的输出结果如图 2-10 所示。

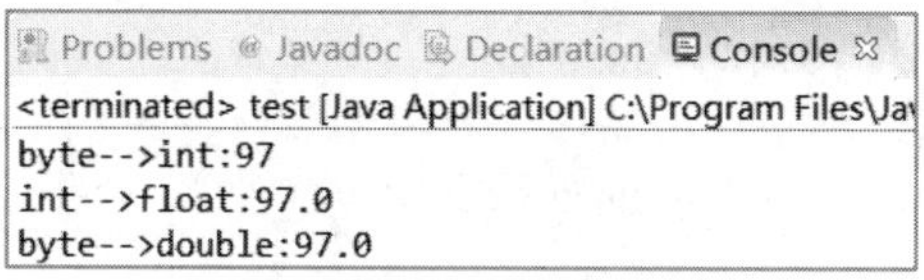

图 2-10　自动类型转换

2. 强制类型转换

强制类型转换主要是为了解决不能相互兼容数据类型之间的转换。强制类型转换是一种显性的类型转换，它的一般形式如下：

(type)value;

其中 type 表示转换后的类型，value 表示需要转换的值。

要把一个 int 类型的数据转换成 byte 类型的数据，这里主要存在一个问题，就是 int 类型的数据大小比 byte 类型要大。当一个 int 类型值超出了 byte 类型的保存范围，使用强制类型转换时，这个 int 类型值将对 byte 类型值域取模，程序如下所示。

【例 2-15】

```java
public class IntToByte{
    public static void main(String args[])    {
        int i=300;
        byte b=(byte)i;
        System.out.println("i(300)-->byte:"+b);
    }
}
```

程序的输出结果如图 2-11 所示。

图 2-11　int 类型转换成 byte 类型

将一个浮点型的值转换成一个整型的值，将采取遗弃小数点后的数字的方法。如果一个字符串是由一串数字构成，那么也可以将其转换成整型或浮点型数值。具体程序如下所示。

【例 2-16】

```java
public class test {
    public static void main(String[] args) {
        byte b ;
        int i,j;
        float f;
        double d=257.1234;
        String s1="123" ;
        String s2="3.14" ;
        b=(byte)d;
        System.out.println("double(257.1234)->byte:"+b);
        i=(int)d;
```

```
        System.out.println("double(257.1234)->int:"+i);
        j=Integer.parseInt(s1);
        System.out.println("String(\"123\")->int:"+j);
        f=Float.parseFloat(s2);
        System.out.println("String(\"3.14\")->float:"+f);
    }
}
```

程序的输出结果如图 2-12 所示。

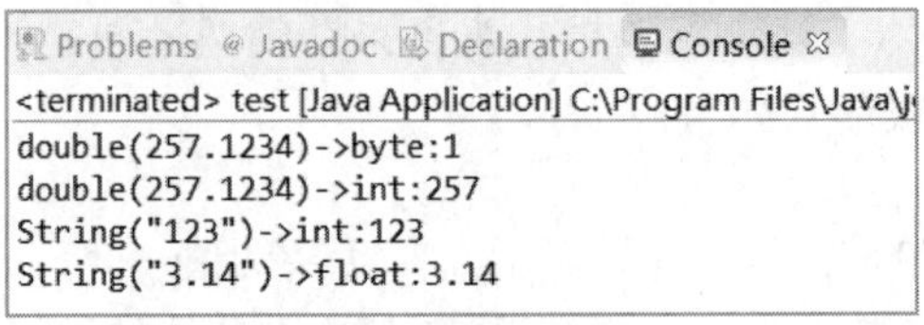

```
Problems  @ Javadoc  Declaration  Console ⊠
<terminated> test [Java Application] C:\Program Files\Java\j
double(257.1234)->byte:1
double(257.1234)->int:257
String("123")->int:123
String("3.14")->float:3.14
```

图 2-12　强制类型转换

2.3　运算符

Java 提供了丰富的运算符，可以把这些运算符归纳为 4 组：算术运算符、位运算符、关系运算符和逻辑运算符。下面一一介绍。

2.3.1　算术运算符

算术运算符常用在数学表达式中，使用方法与我们平常进行数学运算是一样的。表 2-3 列出了各种算术运算符及其说明。

表 2-3　算术运算符

算术运算符	说明
+	加
-	减
*	乘
/	除
%	取模
++	递增运算
--	递减运算
+=	加法赋值
-=	减法赋值
*=	乘法赋值
/=	除法赋值
%=	取模赋值

需要注意的是取模运算"%"，取模是指经过除法运算后得到的余数，它适用于整型和浮

点型。如果两个数相除，正好整除的话，那么取模结果即为 0。

对于赋值运算，说明如下：

i+=j;　其实就相当于 i=i+j;

关于递增或递减运算符，用得最多的地方就是在使用控制循环语句的时候，说明如下：

i--;　相当于 i=i-1;

i++;　相当于 i=i+1;

通过下面一个程序来了解各种算术运算符的使用方法。

【例 2-17】

```
public class Test {
    public static void main(String[] args) {
        int i=10;
        int j=25;
        float f=12.8f;
        double d=15.5;
        System.out.println("i+d="+(i+d));
        System.out.println("j/i="+(j/i));
        System.out.println("d/i="+(d/i));
        System.out.println("j%i="+(j%i));
        System.out.println("j+=i"+(j+=i));
        System.out.println("d%i="+(d%i));
        System.out.println("f%i="+(f%i));
    }
}
```

程序的输出结果如图 2-13 所示。

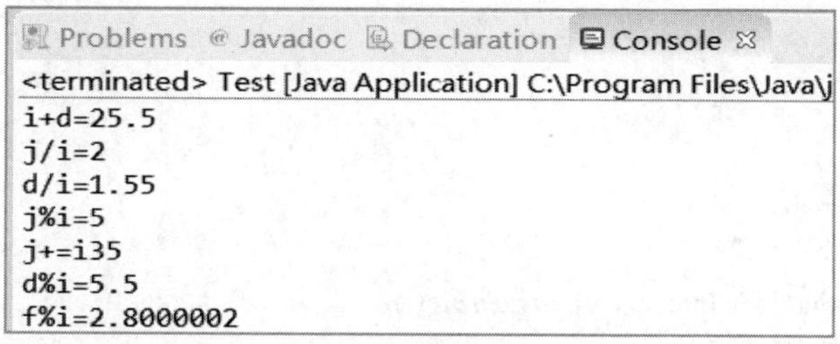

图 2-13　算术运算符的运用

2.3.2　位运算符

Java 的位运算符是在整数范围内对位进行操作的，表 2-4 列出了各种位运算符及其说明。

表 2-4　位运算符

位运算符	说明
~	按位非（NOT）
&	按位与（AND）
|	按位或（OR）
^	按位异或（XOR）

位运算符	说明
>>	向右移位
>>>	向右移位，左边突出的位以 0 补齐
<<	向左移位
&=	按位与并赋值
|=	按位或并赋值
^=	按位异或并赋值
>>=	向右移并赋值
>>>=	向右移并赋值，左边突出的位以 0 补齐
<<=	向左移并赋值

左移运算符能把值中所有的位向左移动指定的位数，它的格式如下：

value<<num

其中 num 指定值 value 的位向左移动的位数，每左移一位，高级位移出并丢弃，右边补上 0。也就是说，当操作对象是一个 int 型时，每向左移一位，它的第 31 位被移出并抛弃。

右移运算符把一个值中所有的位向右移指定的位数，它的格式如下：

value>>num

其中 num 指定值 value 的位向右移的位数。value 的符号位被用来填充右移后左边空出来的位。向右移出的位被丢弃。例如：

00100011>>2

得到的结果是 00001000。

下面来看一个计算左移与右移的程序。

【例 2-18】

```java
public class Test {
    public static void main(String[] args) {
        int i=27 ;
        System.out.println("i--"+Integer.toBinaryString(i));
        System.out.println("i>>1--"+Integer.toBinaryString(i>>1));
        System.out.println("i>>2--"+Integer.toBinaryString(i>>2));
        System.out.println("i<<1--"+Integer.toBinaryString(i<<1));
        System.out.println("i<<2--"+Integer.toBinaryString(i<<2));
    }
}
```

程序的输出结果如图 2-14 所示。

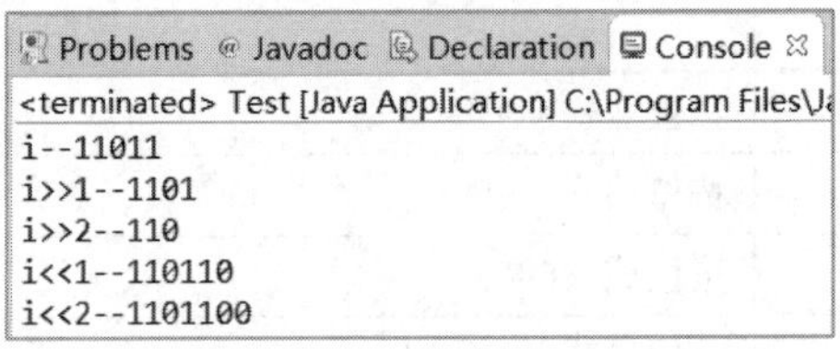

图 2-14　左移与右移运算

在位运算符中，我们重点来了解位逻辑运算符，表 2-5 列举了位进行&、|、^、~等运算的结果。

表 2-5 位逻辑运算符

A	B	A&B	A|B	A^B	~A
0	0	0	0	0	1
1	0	0	1	1	0
0	1	0	1	1	1
1	1	1	1	0	0

下面编写一个程序来验证表 2-5 中的位逻辑运算，程序代码如下：

【例 2-19】

```java
public class Test {
    public static void main(String[] args) {
        int i=3;
        int j=6;
        System.out.println("i-->"+Integer.toBinaryString(i));
        System.out.println("j-->"+Integer.toBinaryString(j));
        System.out.println("i&j-->"+Integer.toBinaryString(i&j));
        System.out.println("i|j-->"+Integer.toBinaryString(i|j));
        System.out.println("i^j-->"+Integer.toBinaryString(i^j));
        System.out.println("~i&j|i&~j-->"+Integer.toBinaryString((~i&j)|(i&~j)));
        System.out.println("~i-->"+Integer.toBinaryString(~i));
    }
}
```

程序的输出结果如图 2-15 所示。

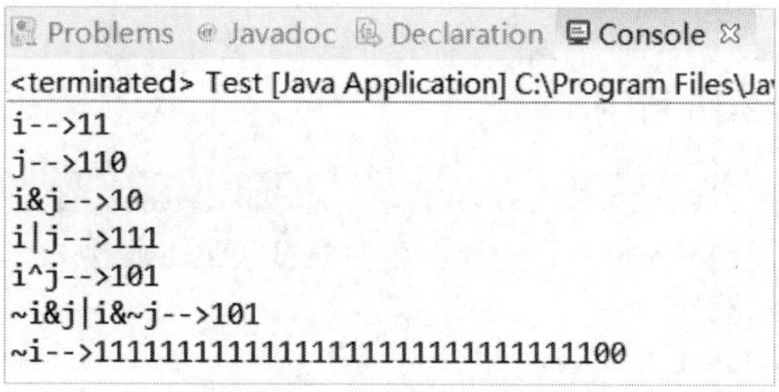

图 2-15 位逻辑运算结果

2.3.3 关系运算符

关系运算符是表示一个数值与另外一个数值之间的关系。在现实应用中，我们常常会使用到它，譬如要比较两个数是否相等，或者谁大谁小等。表 2-6 列出了各种关系运算符及其说明。

表 2-6　关系运算符

关系运算符	说明
==	等于
!=	不等于
>	大于
<	小于
>=	大于等于
<=	小于等于

关系运算符产生的结果是一个 boolean 值，下面是一个示例程序。

【例 2-20】

```java
public class Test {
    public static void main(String[] args) {
        int i=5;
        int j=11;
        if(j/5==2) {
            System.out.println("j/i="+j/i);
        }
        if(j%5!=0) {
            System.out.println("j%i="+j%i);
        }
        if(j>=5) {
            System.out.println("j>=i is "+(j>=5));
        }
        if(!(j<=5)) {
            System.out.println("j<=i is "+(j<=5));
        }
    }
}
```

程序的输出结果如图 2-16 所示。

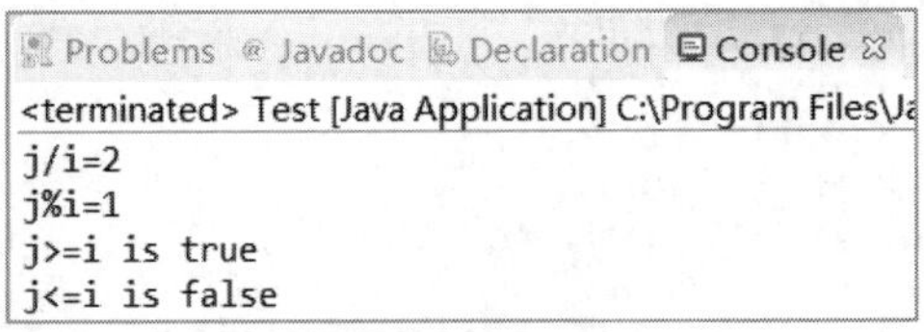

图 2-16　关系运算符的运用

2.3.4　逻辑运算符

逻辑运算符又称布尔逻辑运算符，它的操作数只能是 boolean 型的，而且逻辑运算的结果也是 boolean 型。表 2-7 列出了所有逻辑运算符及其说明。

表 2-7　逻辑运算符

逻辑运算符	说明	逻辑运算符	说明
&	逻辑与	&=	逻辑与赋值
|	逻辑或	|=	逻辑或赋值
^	逻辑异或	^=	逻辑异或赋值
||	短路或	==	等于
&&	短路与	!=	不等于
!	逻辑非	?:	三元运算（if-then-else）

当需要判断多个条件组合在一起的情况下执行什么事情时，就需要用到&、|、^、!等运算符来运算，运算结果见表 2-8。

表 2-8　逻辑运算符运算结果表

A	B	A&B	A|B	A^B	!A
false	false	false	false	false	true
true	false	false	true	true	false
false	true	false	true	true	true
true	true	true	true	false	false

下面编程来验证这个结果。

【例 2-21】

```java
public class Test {
    public static void main(String[] args) {
        boolean a=true;
        boolean b=false ;
        System.out.println("a is "+a+",b is "+b);
        System.out.println("a&b is "+(a&b));
        System.out.println("a|b is "+(a|b));
        System.out.println("a^b is "+(a^b));
        System.out.println("!a is "+(!a));
    }
}
```

程序的输出结果如图 2-17 所示。

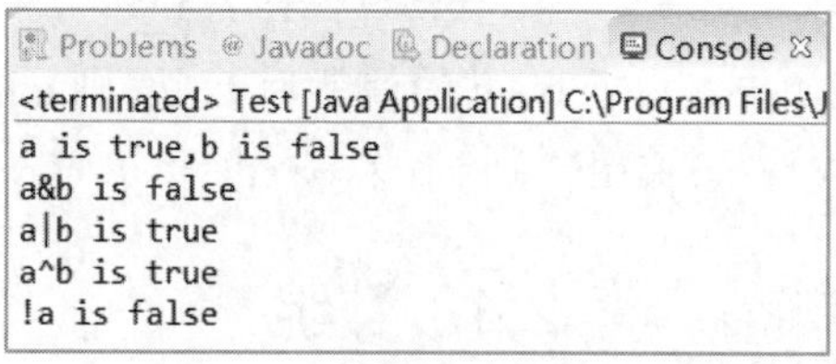

图 2-17　布尔逻辑运算符演示

另外，Java 提供了两种独特的逻辑运算符，即短路与（&&）和短路或（||）。运用这两种

运算符可以避免一些"&"和"|"不能很方便处理的情况。例如下面的判断语句：

```
int i=0 ;
int j=0;
if(j!=0&&i/j>0){
    System.out.println( " Hello " ) ;
}
```

程序运行的时候不会出现任何错误，当然"Hello"也不会打印出来。但如果将"&&"换成"&"，程序就会报如下错误：

java.lang.ArithmeticException:/by zero

这是因为运用"&&"的时候，将先判断左边的条件。若左边条件为真，则判断右边的条件；若左边的条件为假，则将不再对右边的条件进行判断。而使用"&"运算符时无论左边条件是否成立都将对右边的条件进行判断，因此会出现上面的错误。

三元运算符"?:"是一个条件判断运算符，合理的运用它可以减少代码量。它的一般格式如下：

expression1?expression2:expression3

其中 expression1 是返回值为 boolean 型的表达式，如果 expression1 的值为真，则执行 expression2，否则执行 expression3。我们来看下面的例子。

【例 2-22】

```
public abstract class Test {
    public static void main(String[] args) {
        int a=8;
        int b=9;
        int c ;
        String s ;
        c=a>b?1:0;
        System.out.println("c is "+c);
        s=c==0?"a 比 b 小":"a 比 b 大" ;
        System.out.println(s);
    }
}
```

程序的输出结果如图 2-18 所示。

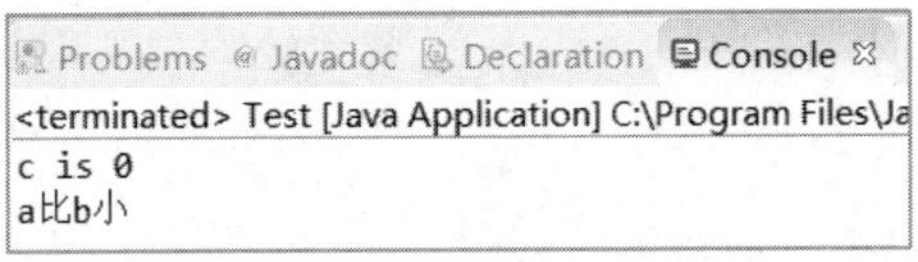

```
Problems  @ Javadoc  Declaration  Console
<terminated> Test [Java Application] C:\Program Files\Ja
c is 0
a比b小
```

图 2-18　三元运算符应用演示

这个程序很容易理解，如果 a 大于 b，c 的值就为 1，否则 c 的值为 0；然后判断 c，如果 c 等于 0 就输出"a 比 b 小"，否则输出"a 比 b 大"。

2.4　数组

数组表示多个相同类型变量的集合，可以使用共同的名字引用它。数组可定义为任意数据类型，并且可分为一维数组或多维数组。数组中的每一个元素都可以通过其相对应的下标来访问，且下标是从 0 开始的。

2.4.1　一维数组

一维数组（One-dimensional Array）实质上是相同类型变量的列表。要创建一个数组，必须首先定义数组变量的类型。通用的一维数组的声明格式是：

```
type var-name[] ;
```

其中，type 定义了数组的基本类型。基本类型决定了组成数组的每一个元素的数据类型。这样，数组的基本类型决定了数组存储的数据类型。例如下面的代码即可声明一个 int 型的一维数组：

```
int number[] ;
```

这个数组虽然声明了变量类型。但不存在实际的数值，它的值为 null。为了使数组 number 成为实际的、物理上存在的整型数组，必须用运算符 new 来为其分配地址并且把它赋给 number。运算符 new 是专门用来分配内存的运算符。其格式为：

```
array-var = new type[size] ;
```

其中，type 指定被分配的数据类型，size 指定数组中元素的个数，array-var 是被链接到数组的数组变量。也就是说，使用运算符 new 来分配数组，必须指定数组元素的类型和数组元素的个数。用运算符 new 分配数组后，数组中的元素将会被自动初始化为零。例如给上面的 number 分配 10 个整型元素的语句如下：

```
number = new int[10] ;
```

这个时候数组中的所有元素将被初始化为零。接下来我们可以给数组中每个元素赋值，语句如下：

```
number[0] = 10 ;
number[1] = 13 ;
…
number[9] = 8 ;
```

但是，这样给数组赋值显得不够现实，下面进一步讲解数组的初始化。在数组定义时指定元素的初始值，即称为数组的初始化。如：

```
int a[5]={1,2,3,4,5} ;
```

该语句声明了 5 个数组元素的数组。在这个数组中，变量类型为 int，数组元素分别为 1、2、3、4、5。

这里需要注意的是，如果[]里声明了数组元素个数为 5，而{}里我们只写了 3 个元素，当这种元素定义的初值个数不足时，余下的用 0 补齐。例如：

```
int a[5]={1,2,3} ;
```

等价于：

```
int a[5]={1,2,3,0,0} ;
```

又如：

```
int a[10]={0} ;
```

则 a[0]～a[9]的值都为 0。

在元素定义时赋初值，可以不指定数组个数。如：

```
int a[]={1,2,3,4,5} ;
```

此时将以初值个数决定数组长度。

下面声明一个 char 数组，循环打印出小写字母 a～z，代码如下：

【例 2-23】

```java
public class CharArray {
    public static void main(String[] args) {
        char c[]=new char[26] ;
        for (int i = 0; i < c.length; i++) {
            c[i]=(char)('a'+i) ;
            System.out.print(c[i]+"   ");
        }
        System.out.println();
    }
}
```

程序的输出结果如图 2-19 所示。

```
🔲 Problems  @ Javadoc  🔲 Declaration  🔲 Console ☒
<terminated> CharArray [Java Application] C:\Program Files\Java\jdk1.8.0_121\bin\javaw.exe (2
a  b  c  d  e  f  g  h  i  j  k  l  m  n  o  p  q  r  s  t  u  v  w  x  y  z
```

图 2-19   char 数组应用演示

当取出数组元素的时候，有一个问题是要关注的，那就是数组下标索引不能超出数组范围。例如，我们声明一个数组的元素个数为 5，而我们去取了它的第 6 个元素，那么程序就会提示下标越界的错误。我们可以做一个小实验，在上面的程序中，我们把循环条件改为：i<27，那么将出现如下的错误提示：

Exception in thread "main" java.lang.ArrayIndexOutOfBoundsException: 26

2.4.2 多维数组

在 Java 中，二维或二维以上的数组统称为多维数组。也可以将多维数组理解成数组的数组。定义多维数组变量要将每个维数放在它们各自的方括号中。

例如，下面语句定义了一个名为 twain 的二维数组变量。

int twain[][] = new int[4][5];

该语句定义了一个 4 行 5 列的数组并把它分配给数组 twain，它的元素个数为 4×5=20 个。实际上可以通过一个矩阵表示 int 类型的二维数组被实现的过程。下面用图来表示这个二维数组，如图 2-20 所示。

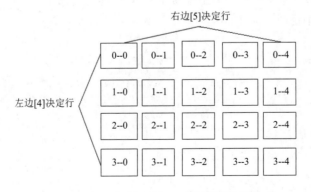

图 2-20   二维数组表示图

下面写一个程序给这个数组赋值，代码如下：

【例 2-24】

```java
public class test {
    public static void main(String[] args) {
        int twain[][] = new int[4][5];
        int k=0 ;
        for (int i = 0; i < 4; i++) {
            for (int j = 0; j < 5; j++) {
                k++;
                twain[i][j]=k;
            }
        }
        for (int m = 0; m < 4; m++) {
            for (int n = 0; n < 5; n++) {
                System.out.print(twain[m][n]+"   ");
            }
            System.out.println();
        }
    }
}
```

程序的输出结果如图 2-21 所示。

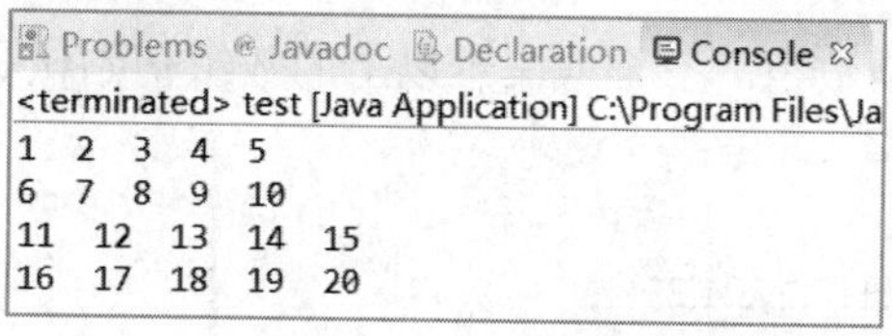

图 2-21　二维数组

当为一个多维数组分配内存时，可以仅需要先为第一维指定内存，然后再在代码里分配其他维的内存。需要注意一点，当为其他维分配内存时，不需要每个维的元素个数相等。前面我们讲到过，多维数组是数组的数组，所以每个数组的长度都可由自己控制。

在例 2-25 这个例题中，声明一个二维数组，且先只给第一维数性分配内存，在程序里通过代码给第二维数组分配内存。

【例 2-25】

```java
public class TwoArray {
    public static void main(String[] args) {
        int myArray[][]=new int[5][] ;
        myArray[0]=new int[1] ;
        myArray[1]=new int[2] ;
        myArray[2]=new int[3] ;
        myArray[3]=new int[4] ;
        myArray[4]=new int[5] ;
        int i,j,k=0 ;
        for (i = 0; i < 5; i++) {
```

```
    for (j = 0; j < i+1; j++) {
      k++ ;
      myArray[i][j]=k ;
      System.out.print(myArray[i][j]+" ");
    }
    System.out.println();
  }
 }
}
```

程序的输出结果如图 2-22 所示。

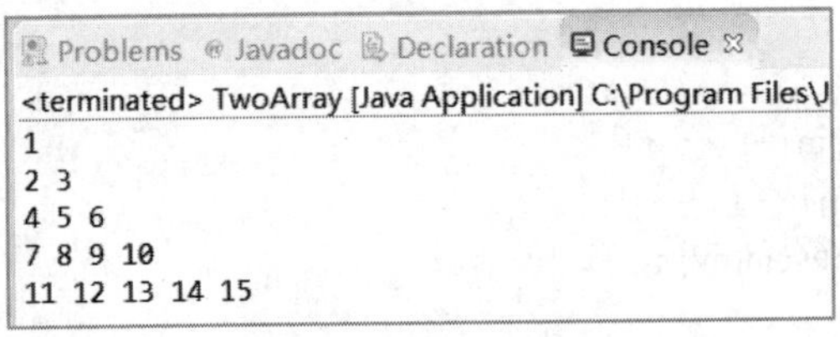

图 2-22　通过代码给第二维数组分配内存

在进行二维数组初始化时，最常用的方法是在声明二维数组时，在一对大括号{}里再加一些大括号{}，但是里面的大括号之间要用逗号分开，最里层大括号内的元素也要用逗号分开。例如下面语句初始化了一个二维数组。

int myArray[][]={{1,2,3},{4,5,6}}

这是个 2 行 3 列的二维数组。三维或三维以上的数组初始化是一样的。下面语句声明了一个 2×3×4 的三维数组。

```
int myArray[][][]={
    {{1,3,5,7},{9,11,13,15},{17,19,21,23}},
    {25,27,29,31},{33,35,37,39},{41,43,45,47}}
};
```

下面来看一个三维数组的程序，在该程序中，数组的元素都是通过程序分配的。

```
public class MoreArray {
  public static void main(String[] args) {
    int myArray[][][]=new int[3][4][5];
    int i,j,k;
    for ( i = 0; i < 3; i++) {
      for (j = 0; j < 4; j++) {
        for (k = 0; k < 5; k++) {
          myArray[i][j][k]=i+j+k;
          System.out.print(myArray[i][j][k]+"      ");
        }
        System.out.println();
      }
      System.out.println();
    }
  }
}
```

程序的输出结果如图 2-23 所示。

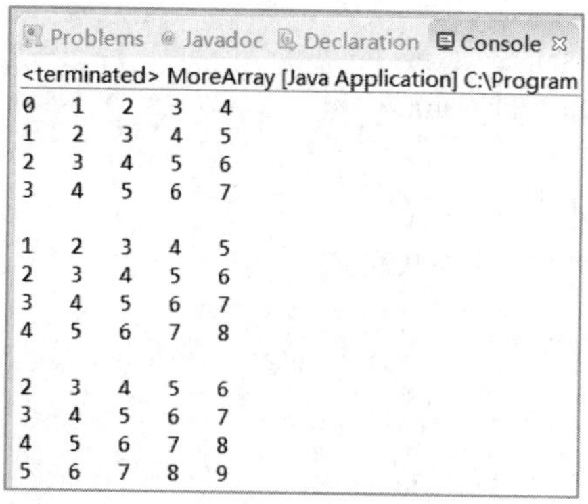

图 2-23　三维数组

2.5　String 类和 StringBuffer 类

String 类和 StringBuffer 类主要用来处理字符串。这两个类提供了很多字符串的实用处理方法。String 类是不可变类，一个 String 对象所包含的字符串内容永远不会被改变；StringBuffer 类是可变类，一个 StringBuffer 对象所包含的字符串内容可以被添加或修改。

2.5.1　String 类

1. String 类的常用构造函数

String 类的常用构造函数如下：

（1）String()，创建一个内容为空的字符串""。

（2）String(byte[] bytes)，通过 bytes 数组，根据本地平台默认的字符编码，构造字符串对象。

（3）String(byte[] bytes,String charsetName)，根据参数 charsetName 指定的字符编码，由字节数组构造一个字符串。

（4）String(char[] value)，通过 char 数组构造字符串对象。

（5）String(Sting original)，构造一个 original 的副本。即复制一个 original。

（6）String(StringBuffer buffer)，通过 StringBuffer 数组构造字符串对象。

代码示例如下：

```java
public class Demo{
    public static void main (String[] args) {
        byte[] b = {'a','b','c','d','e','f','g','h','i','j'};
        char[] c = {'0','1','2','3','4','5','6','7','8','9'};

        String sb = new String(b);              //abcdefghij
        String sb_sub = new String(b,3,2);      //de
        String sc = new String(c);              //0123456789
        String sc_sub = new String(c,3,2);      //34
```

```
        String sb_copy = new String(sb);          //abcdefghij

        System.out.println("sb: "+sb);
        System.out.println("sb_sub: "+sb_sub);
        System.out.println("sc: "+sc);
        System.out.println("sc_sub: "+sc_sub);
        System.out.println("sb_copy: "+sb_copy);
    }
}
```

程序的输出结果如下：

```
sb: abcdefghij
sb_sub: de
sc: 0123456789
sc_sub: 4
sb_copy: abcdefghij
```

2. String 类的常用方法

String 类的常用方法如下：

（1）char charAt(int index)，取字符串中的某一个字符，其中的参数 index 指的是该字符在字符串中的序数。字符串的序数从 0 开始到 length()-1。

例如下述代码：

```
public class Test{
    public static void main (String[] args) {
        String s = new String("abcdefghijklmnopqrstuvwxyz");
        System.out.println("s.charAt(5): " + s.charAt(5) );
    }
}
```

上述代码执行的结果：

```
s.charAt(5): f
```

（2）int compareTo(String anotherString)，将当前 String 对象与 anotherString 对象进行比较，相等时返回 0，不相等时，从两个字符串第 0 个字符开始进行比较，返回第一个不相等的字符差（ASCII 码的差值，当前对象减比较对象）。另一种情况，较长字符串的前面部分恰巧与较短的字符串相同，此时则返回它们的长度差。

（3）int compareTo(Object o)，如果 o 是 String 对象，和（2）的功能一样；否则抛出 ClassCastException 异常。

例如下述代码：

```
public class Test{
    public static void main (String[] args) {
        String s1 = new String("abcdefghijklmn");
        String s2 = new String("abcdefghij");
        String s3 = new String("abcdefghijalmn");
        //返回长度差
        System.out.println("s1.compareTo(s2): " + s1.compareTo(s2) );
        //返回'k'-'a'的差
```

```
            System.out.println("s1.compareTo(s3): " + s1.compareTo(s3) );
        }
    }
```

上述代码执行的结果：

s1.compareTo(s2): 4

s1.compareTo(s3): 10

（4）String concat(String str)，将该 String 对象与 str 连接在一起。

（5）boolean contentEquals(StringBuffer sb)，将该 String 对象与 StringBuffer 对象 sb 进行比较。

（6）static String copyValueOf(char[] data)。

（7）static String copyValueOf(char[] data, int offset, int count)。

上述的（6）和（7）这两个方法将 char 数组转换成 String，与其中一个构造函数（String s=new String(new char[]{字符串}}）类似。

（8）boolean endsWith(String suffix)，判断该 String 对象是否以 suffix 结尾。

例如下述代码：

```
public class BoolDemo{
    public static void main (String[] args) {
        String s1 = new String("abcdefghij");
        String s2 = new String("ghij");
        System.out.println("s1.endsWith(s2): " + s1.endsWith(s2) );
    }
}
```

上述代码的执行结果：

s1.endsWith(s2): true

（9）boolean equals(Object anObject)，当 anObject 不为空并且与当前 String 对象一样时，返回 true；否则，返回 false。

（10）byte[] getBytes()，将该 String 对象转换成 byte 数组。

（11）void getChars(int srcBegin, int srcEnd, char[] dst, int dstBegin)，该方法将当前字符串复制到目标字符数组中。其中，srcBegin 为复制的起始位置，srcEnd 为复制的结束位置，字符串数组 dst 为目标字符数组，dstBegin 为目标字符数组的复制起始位置。

例如下述代码：

```
public class GetCharsDemo{
    public static void main (String[] args) {
        char[] s1 = {'I',' ','l','o','v','e',' ','h','e','r','!'};//s1=I love her!
        String s2 = new String("you!"); s2.getChars(0,3,s1,7); //s1=I love you!
        System.out.println( s1 );
    }
}
```

上述代码的执行结果：

I love you!

（12）int hashCode()，该方法返回当前字符的哈希表码。

（13）int indexOf(int ch)，该方法只找第一个匹配字符的位置。

（14）int indexOf(int ch, int fromIndex)，该方法从 fromIndex 开始找第一个匹配字符的位置。

（15）int indexOf(String str)，该方法只找第一个匹配字符串的位置。

（16）int indexOf(String str, int fromIndex)，该方法从 fromIndex 开始找第一个匹配字符串的位置。

例如下述代码：

```
public class IndexOfDemo{
    public static void main (String[] args) {
        String s = new String("write once, run anywhere!");
        String ss = new String("run");
        System.out.println("s.indexOf('r'): " + s.indexOf('r') );
        System.out.println("s.indexOf('r',2): " + s.indexOf('r',2) );
        System.out.println("s.indexOf(ss): " + s.indexOf(ss) );
    }
}
```

上述代码的执行结果：

```
s.indexOf('r'): 1
s.indexOf('r',2): 12
s.indexOf(ss): 12
```

（17）int lastIndexOf(int ch)。

（18）int lastIndexOf(int ch, int fromIndex)。

（19）int lastIndexOf(String str)。

（20）int lastIndexOf(String str, int fromIndex)。

以上（17）、（18）、（19）、（20）四个方法与方法（13）、（14）、（15）、（16）类似，不同的是前四种方法找最后一个匹配的内容。

例如下述代码：

```
public class CompareToDemo {
    public static void main (String[] args) {
        String s1 = new String("acbdebfg");
        System.out.println(s1.lastIndexOf((int)'b',7));
    }
}
```

上述代码的运行结果：

```
5
```

其中 fromIndex 的参数为 7，是从字符串 acbdebfg 的最后一个字符 g 开始往前数的位数。即从字符 c 开始，寻找最后一个匹配 b 的位置，所以结果为 5。

（21）int length()，返回当前字符串长度。

（22）String replace(char oldChar, char newChar)，将字符串中第一个字符 oldChar 替换成字符 newChar。

（23）boolean startsWith(String prefix)，判断该 String 对象是否以 prefix 开始。

（24）boolean startsWith(String prefix, int toffset)，判断该 String 对象从 toffset 位置算起，是否以 prefix 开始。

例如如下代码：

```
public class StartsWithDemo{
```

```
public static void main (String[] args) {
    String s = new String("write once, run anywhere!");
    String ss = new String("write");
    String sss = new String("once");
    System.out.println("s.startsWith(ss): " + s.startsWith(ss) );
    System.out.println("s.startsWith(sss,6): " + s.startsWith(sss,6) );
  }
}
```

上述代码的执行结果：

s.startsWith(ss): true

s.startsWith(sss,6): true

（25）String substring(int beginIndex)，取从 beginIndex 位置开始到结束的子字符串。

（26）String substring(int beginIndex, int endIndex)，取从 beginIndex 位置开始到 endIndex 位置的子字符串。

（27）char[] toCharArray()，将该 String 对象转换成 char 数组。

（28）String toLowerCase()，将字符串转换成小写。

（29）String toUpperCase()，将字符串转换成大写。

例如：

```
public class ToUpperCaseDemo{
  public static void main (String[] args) {
    String s = new String("java.lang.Class String");
    System.out.println("s.toUpperCase(): " + s.toUpperCase() );
    System.out.println("s.toLowerCase(): " + s.toLowerCase() );
  }
}
```

结果为：

s.toUpperCase(): JAVA.LANG.CLASS STRING

s.toLowerCase(): java.lang.class string

（30）static String valueOf(boolean b)。

（31）static String valueOf(char c)。

（32）static String valueOf(char[] data)。

（33）static String valueOf(char[] data, int offset, int count)。

（34）static String valueOf(double d)。

（35）static String valueOf(float f)。

（36）static String valueOf(int i)。

（37）static String valueOf(long l)。

（38）static String valueOf(Object obj)。

上述（30）～（38）方法用于将各种不同的数据类型转换成字符型。它们都是类方法。下述也是 String 类的常用方法。

public char charAt(int index)，返回字符串中第 index 个字符。

public int length()，返回字符串的长度。

public int indexOf(String str)，返回字符串中第一次出现 str 的位置。

public int indexOf(String str,int fromIndex)，返回字符串从 fromIndex 开始第一次出现 str 的位置。

public boolean equalsIgnoreCase(String another)，比较字符串与 another 是否一样（忽略大小写）。

public String replace(char oldchar,char newChar)，在字符串中用 newChar 字符替换 oldChar 字符。

public boolean startsWith(String prefix)，判断字符串是否以 prefix 字符串开头。

public boolean endsWith(String suffix)，判断一个字符串是否以 suffix 字符串结尾。

public String toUpperCase()，返回该字符串的大写形式的字符串。

public String toLowerCase()，返回该字符串的小写形式的字符串

public String substring(int beginIndex)，返回该字符串从 beginIndex 开始到结尾的子字符串

public String substring(int beginIndex,int endIndex)，返回该字符串从 beginIndex 开始到 endIndex 结尾的子字符串。

public String trim()，返回该字符串去掉开头空格和结尾空格后的字符串。

public String[] split(String regex)，将一个字符串按照指定的分隔符分隔，返回分隔后的字符串数组。

实例代码如下：

```java
public class SplitDemo{
    public static void main (String[] args) {
        String date = "2017/12/12";
        String[ ] dateAfterSplit= new String[3];
        //以 "/" 作为分隔符来分割 date 字符串，并把结果放入 3 个字符串中。
        dateAfterSplit=date.split("/");
        for(int i=0;i<dateAfterSplit.length;i++)
            System.out.print(dateAfterSplit[i]+" ");
    }
}
```

上述代码的运行结果：

2017 12 12　　//结果为分割后的 3 个字符串

实例 1：TestString1.java。

程序代码如下：

```java
public class TestString1{
    public static void main(String args[]) {
        String s1 = "Hello World" ;
        String s2 = "hello world" ;

        System.out.println(s1.charAt(1)) ;
        System.out.println(s2.length()) ;
        System.out.println(s1.indexOf("World")) ;
        System.out.println(s2.indexOf("World")) ;
        System.out.println(s1.equals(s2)) ;
        System.out.println(s1.equalsIgnoreCase(s2)) ;
```

```
        String s = "我是 J2EE 程序员" ;
        String sr = s.replace('我','你') ;
        System.out.println(sr) ;
    }
}
```

实例 2：TestString2.java。

程序代码如下：

```
public class TestString2{
    public static void main(String args[]) {
        String s = "Welcome to Java World!" ;
        String s2 = "      magci      " ;
        System.out.println(s.startsWith("Welcome")) ;
        System.out.println(s.endsWith("World")) ;

        String sL = s.toLowerCase() ;
        String sU = s.toUpperCase() ;
        System.out.println(sL) ;
        System.out.println(sU) ;

        String subS = s.substring(11) ;
        System.out.println(subS) ;
        String s1NoSp = s2.trim() ;
        System.out.println(s1NoSp) ;
    }
}
```

2.5.2　StringBuffer 类

StringBuffer 类和 String 类一样，也用来代表字符串。StringBuffer 类的内部实现方式和 String 类不同，StringBuffer 类在进行字符串处理时，不生成新的对象，在内存使用上要优于 String 类。所以在实际使用时，如果经常需要对一个字符串进行修改，例如插入、删除等操作，使用 StringBuffer 类要更加适合。

在 StringBuffer 类中有很多和 String 类一样的方法，这些方法在功能上和 String 类是完全一样的，但是有一个显著的区别是，对 StringBuffer 对象的每次修改都会改变对象自身，这是和 String 类的最大区别。

另外由于 StringBuffer 是线程安全的（线程的概念后续有专门的课程进行介绍），所以在多线程程序中也可以很方便地进行使用，但是程序的执行效率相对来说要稍慢一些。

1. StringBuffer 对象的初始化

StringBuffer 对象的初始化不像 String 对象的初始化，Java 对其有特殊的语法。通常情况下使用构造方法进行初始化。例如：

StringBuffer s = new StringBuffer();

这样初始化的 StringBuffer 对象是一个空的对象。

如果需要创建带有内容的 StringBuffer 对象，则可以使用下述语句。

```
StringBuffer s = new StringBuffer("abc");
StringBuffer s = "abc";                        //赋值类型不匹配
StringBuffer s = (StringBuffer) "abc";    //不存在继承关系，无法进行强转
```
StringBuffer 对象和 String 对象之间互转的代码如下：
```
String s = "abc";
StringBuffer sb1 = new StringBuffer("123");
StringBuffer sb2 = new StringBuffer(s);  //String 转换为 StringBuffer
String s1 = sb1.toString();                      //StringBuffer 转换为 String
```
2. StringBuffer 类的常用方法

StringBuffer 类的方法主要偏重于字符串的变化，例如追加、插入和删除等。这也是 StringBuffer 类和 String 类的主要区别。

（1）append 方法。

`public StringBuffer append(String b)`

该方法的作用是追加内容到当前 StringBuffer 对象的末尾，类似于字符串的连接。调用该方法以后，StringBuffer 对象的内容发生改变。例如：
```
StringBuffer sb = new StringBuffer("abc");
sb.append("str");
```
则对象 sb 的值将变成"abctrue"。

使用该方法进行字符串的连接，将比 String 更加节约内容，例如应用于数据库 SQL 语句的连接，例如：
```
StringBuffer sb = new StringBuffer();
String user = "test";
String pwd = "123";
sb.append("select * from userInfo where username=").append(user).
append(" and pwd=").append(pwd);
```
这样对象 sb 的值就是字符串"select * from userInfo where username=test and pwd=123"。

（2）deleteCharAt 方法。

`public StringBuffer deleteCharAt(int index)`

该方法的作用是删除指定位置的字符，然后将剩余的内容形成新的字符串。例如：
```
StringBuffer sb = new StringBuffer("Test");
sb. deleteCharAt(1);
```
上述代码删除字符串对象 sb 中索引值为 1 的字符，也就是删除第二个字符，剩余的内容组成一个新的字符串。所以对象 sb 的值变为"Tst"。

还有一个功能类似的 delete 方法，如下所示：

`public StringBuffer delete(int start,int end)`

该方法的作用是删除字符串指定区间内的所有字符，包含 start 索引值，不包含 end 索引值的区间。例如：
```
StringBuffer sb = new StringBuffer("TestString");
sb.delete (1,4);
```
上述代码的作用是删除字符串索引值 1（包括）到索引值 4（不包括）之间的所有字符，剩余的字符形成新的字符串。则对象 sb 的值变成"TString"。

（3）insert 方法。

```
public StringBuffer insert(int offset, String b)
```

该方法的作用是在 StringBuffer 对象中插入内容，然后形成新的字符串。例如：

```
StringBuffer sb = new StringBuffer("TestString");
sb.insert(4,"str");
```

该示例代码在对象 sb 的索引值 4 的位置插入 false 值，形成新的字符串，则执行以后对象 sb 的值是"TestfalseString"。

（4）reverse 方法。

```
public StringBuffer reverse()
```

该方法的作用是将 StringBuffer 对象中的内容反转，然后形成新的字符串。例如：

```
StringBuffer sb = new StringBuffer("abc");
sb.reverse();
```

经过上述代码的反转以后，对象 sb 中的内容将变为"cba"。

（5）setCharAt 方法。

```
public void setCharAt(int index, char ch)
```

该方法的作用是修改对象中索引值为 index 的位置的字符为新的字符 ch。例如：

```
StringBuffer sb = new StringBuffer("abc");
sb.setCharAt(1,'D');
```

上述代码将对象 sb 的值变成"aDc"。

（6）trimToSize 方法。

```
public void trimToSize()
```

该方法的作用是将 StringBuffer 对象的存储空间缩小到和字符串长度一样的长度，减少存储空间的浪费。

由于等幅有限，这里只列出了几个方法，读者可翻阅 JDK API 文档学习更多的方法。

2.5.3 String 类和 StringBuffer 类比较

Java 中有 3 个负责字符操作的类，叙述如下：

（1）Character 是进行单个字符操作的类。

（2）String 对字符串进行操作，是不可变类。

（3）StringBuffer 是对字符串进行操作，是可变类。

String 是对象不是原始类型。它为不可变对象，一旦被创建，就不能修改它的值。对于已经存在的 String 对象的修改都是重新创建一个新的对象，然后把新的值保存进去。String 是 final 类，即不能被继承。

StringBuffer 是一个可变对象，当对它进行修改时，不会像 String 那样重新建立对象。它只能通过构造函数来建立，不能通过赋值符号对它进行赋值。例如：

```
StringBuffer sb = new StringBuffer();
sb = "welcome to here!";        //错误
```

对象被建立以后，在内存中就会为其分配内存空间，并初始保存一个 null。向 StringBuffer 中赋值的时候可以通过它的 append 方法。例如：

```
sb.append("hello");
```

字符串连接操作中 StringBuffer 的效率要比 String 高，例如：

```
String str = new String("welcome to ");
```

```
str += "here";
```

上述语句 strt="here"的处理步骤实际上是先建立一个 StringBuffer；然后调用 append()；最后再执行 StringBuffer toSting()。

这样的话 String 的连接操作就比 StringBuffer 多出了一些附加操作，当然效率上要打折扣。并且由于 String 对象是不可变对象，每次操作 Sting 都会重新建立新的对象来保存新的值。这样原来的对象就没用了，要被当成垃圾回收，这对性能是有影响的。

以下代码将 26 个英文字母重复加了 5000 次。

```
String tempstr = "abcdefghijklmnopqrstuvwxyz";
int times = 5000;
long lstart1 = System.currentTimeMillis();
String str = "";
for (int i = 0; i < times; i++) {
    str += tempstr;
}
long lend1 = System.currentTimeMillis();
long time = (lend1 - lstart1);
System.out.println(time);
```

上述代码执行后每次得到的结果不一定一样，一般为 46687 左右。也就是 46 秒。再看看以下代码：

```
String tempstr = "abcdefghijklmnopqrstuvwxyz";
int times = 5000;
long lstart2 = System.currentTimeMillis();
StringBuffer sb = new StringBuffer();
for (int i = 0; i < times; i++) {
    sb.append(tempstr);
}
long lend2 = System.currentTimeMillis();
long time2 = (lend2 - lstart2);
System.out.println(time2);
```

上述代码执行后的结果为 16，有时还是 0。该结果表明 StringBuffer 的执行速度是 String 的上万倍。当然这个数据不是很准确，因为循环的次数在 100000 次的时候，差异更大。

根据上面所述，str += "here";语句可以等同于下述语句：

```
StringBuffer sb = new StringBuffer(str);
sb.append("here");
str = sb.toString();
```

所以上面直接利用"+"来连接 String 的代码可以基本等同于以下代码段。该代码段的平均执行时间为 46922 左右，也就是 46 秒。

```
String tempstr = "abcdefghijklmnopqrstuvwxyz";
int times = 5000;
long lstart2 = System.currentTimeMillis();
String str = "";
for (int i = 0; i < times; i++) {
    StringBuffer sb = new StringBuffer(str);
    sb.append(tempstr);
```

```
        str = sb.toString();
    }
long lend2 = System.currentTimeMillis();
long time2 = (lend2 - lstart2);
System.out.println(time2);
```

总结：如果在程序中需要对字符串进行频繁的修改连接操作的话，使用 StringBuffer 性能会更高。

总之，在实际使用时，String 和 StringBuffer 各有优势和不足，可以根据具体的使用环境选择相应的类型。

2.5.4　Math 类和 Object 类

1. Math 类

java.lang 包中的 Math 类提供了许多用于数学运算的静态方法，主要包括指数运算、对数运算、平方根运算和三角运算等。由于这些这些方法为静态方法，所以使用这些方法时，可以直接使用方式：类名.方法名，如：Math.sin()。Math 类还提供了两个静态常量：E（自然对数）和 PI （圆周率）。

Math 类是 final 类型的，因此不能有子类。另外，Math 类的构造方法是 private 类型的，因此 Math 类不能够被实例化。Math 类的主要方法如下：

- abs()：返回绝对值。
- ceil()：返回大于或等于参数的最小整数。
- floor()：返回小于或等于参数的最大整数。
- max()：返回两个参数的较大值。
- min()：返回两个参数的较小值。
- random()：返回 0.0 和 1.0 之间的 double 类型的随机数，包括 0.0，但不包括 1.0。
- round()：返回四舍五入的整数值。
- sin()：正弦函数。
- cos()：余弦函数。
- tan()：正切函数。
- exp()：返回自然对数的幂。
- sqrt()：平方根函数。
- pow()：幂运算。

下面示例代码是调用 Math 类中的 abs 方法实现求数字的绝对值。

```
/**
* Math 类基本使用
*/
public class MathDemo {
    public static void main(String[] args) {
        int m = -10;
        int n = Math.abs(m);
        System.out.println("绝对值是：" + n);
        double a = -123;
```

```
        System.out.println(Math.abs(a));          //显示 123.0
        double b = 3.4;
        System.out.println(Math.ceil(b));          //显示 4.0
        System.out.println(Math.floor(b));         //显示 3.0
        //显示一个随机值，该值大于等于 0.0 且小于 1.0
        System.out.println(Math.random());
        System.out.println(Math.pow(10, 2));       //显示 100.0
        System.out.println(Math.pow(10, 3));       //显示 1000.0
        System.out.println(Math.round(3.4));       //显示 3
        System.out.println(Math.round(3.5));       //显示 4
        System.out.println(Math.round(3.6));       //显示 4
        System.out.println(Math.min(10, 20));      //显示 10
        System.out.println(Math.max(10, 20));      //显示 20
    }
}
```

2．Object 类

Object 类是 Java 语言的灵魂。因为所有的类（除了 Object 类）都是 Object 类的子类，即使不书写继承，系统也会自动继承该类，所以 Object 是整个 Java 语言继承树的唯一一个根，这就是 Java 语言独特的单根继承体系。数组也实现了 Object 类中的方法。

由于 Java 语言的这种单根继承体系，所以整个 Java 语言的结构中很方便地实现了很多复杂的特性，例如多线程控制等。也可以很方便地对于整个 Java 语言体系进行更新。

由于 Object 类是 Java 语言中所有类的父类，所以 Object 类中的方法将出现在每个类的内部，熟悉该类中的常见方法的使用，是每个程序员学习的基础。

（1）equals 方法。equals 方法实现的功能是判断两个对象的内容是否相同。Object 类中该方法的实现很简单。Object 类中 equals 方法实现的代码（该代码可以从 JDK 安装目录下的 src.zip 中找到）如下：

```
public boolean equals(Object obj) {
    return (this == obj);
}
```

在 Object 类中方法的实现比较简单，真正需要在项目中进行比较时，这个 equals 方法的作用是无法达到实际要求的。所以如果在项目中涉及的类需要比较该类型的对象时，必须覆盖 equals 方法。

下面以一个简单的类为示例，编写一个简单的 equals 方法，源代码如下：

```
/**equals 方法编写示例*/
public class MyEquals {
    /**对象成员变量*/
    String name;
    /**基本数据类型成员变量*/
    int n;
    /**
     * 判断对象内容是否相同
     * @param obj 需要比较的对象
     */
```

```
public boolean equals(Object obj){
    if(obj == this){                    //如果比较的内容是自身
        return true;
    }
    if(!(obj instanceof MyEquals)){     //对象类型不同
        return false;
    }
    //转换成当前类类型
    MyEquals m = (MyEquals)obj;
    /*依次比较对象中每个变量*/
    if(!name.equals(m.name)){           //name 属性不同
        return false;
    }
    if(!(n == m.n)){ //n 属性不同
        return false;
    }
    return true;//如果都相同，则返回 true
    }
}
```

在实际进行比较时，首先判断是否是自身，然后再判断对象的类型是否符合要求。可以使用 instanceof 关键字进行判断，该运算符的语法格式为：

对象名　instanceof　类名

如果对象名是类名类型的对象，则结果为 true，否则为 false。

如果类型符合要求，就可以依次比较对象中每个属性的值是否相同了。如果有一个属性的值不相同则即为不相同。

（2）finalize 方法。finalize 方法的作用和前面介绍的构造方法的概念刚好相反。构造方法的作用是初始化一个对象，而 finalize 方法是当释放一个对象占用的内存空间时被 JVM 自动调用的方法。

说明：finalize 方法的作用和 C++中析构函数的作用一样。

如果在对象被释放时需要执行一些操作，则可以在该类中覆盖 finalize 方法，然后在方法内部书写需要执行操作的代码即可。

（3）hashcode 方法。hashcode 方法的作用是获得一个数值，该数值一般被称作散列码，使用这个数值可以快速地判断两个对象是否不相同，主要应用于集合框架中类的快速判断。两个内容相同的对象，其 hashcode 方法的返回值必须相同；而两个不相同的对象，其 hashcode 的值可能相同。如果自己编写的类需要存储到集合类中，覆盖该方法可以提高集合类的执行效率。

（4）toString 方法。toString 方法是显示对象内容时会被系统自动调用的方法。当输出一个对象的内容时，系统会自动调用该类的 toString 方法。例如输出 Object 类型的对象 obj，则以下两组代码的功能是一样的。

System.out.println(obj);

System.out.println(obj.toString());

Object 类中的 toString 类实现比较简单，其源代码为：

```
public String toString() {
    return getClass().getName() + "@" + Integer.toHexString(hashCode());
}
```

如果需要自己的类的对象按照一定的格式进行输出，则可以在自己设计的类内部覆盖 toString 方法，然后设计需要的输出格式。

（5）clone 方法。该方法用来复制对象。也就是创建一个和该对象的内容完全一样的对象，新的对象拥有独立的内存空间。

（6）getClass 方法。该方法用来获得对象的类型，主要用于反射技术的实现。

2.6　贯穿项目（2）

项目引导：本章学习了 Java 的基础知识，本次贯穿项目中我们运用 String 类来存储基本信息，并通过基本的操作实现修改用户名的功能。以下为详细步骤。

（1）在客服端用 String 声明一个字符串，用来存储用户名，并用基础的编写实现修改用户名的功能。代码如下：

```
package ChatClient;
import java.util.Scanner;

public class ChatClient {
    public static void main(String[] args) {
        //声明一个字符串
        String userName = "百读不厌";       //默认用户名
        System.out.println("请输入您的名称：");
        //建立一个扫描仪从键盘接受信息
        Scanner sc = new Scanner(System.in);
        userName = sc.nextLine();
        System.out.println("您的名称为："+userName);
    }
}
```

程序运行界面如图 2-24 所示。

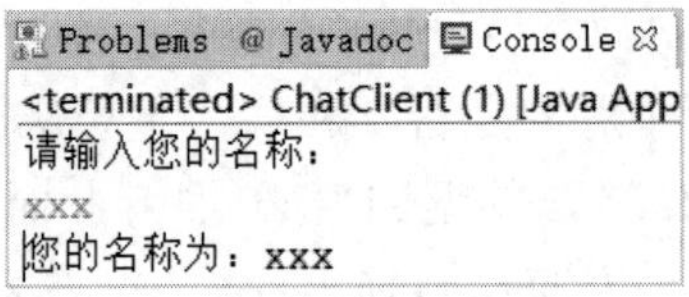

图 2-24　修改用户名

（2）在 ChatClient 和 ChatServer 中分别创建一个 Help 类，声明一个字符串用来存储帮助信息。代码如下：

```
package ChatClient;
public class Help{
    public static void main(String[] args) {
        String help = "1、设置所要连接服务端的 IP 地址和端口\n"+
                    "（默认设置为：127.0.0.1:8888）。\n"+
```

"2、输入你的用户名（默认设置为：百读不厌）。\n"+
"3、单击"登录"按钮便可以连接到指定的服务器；\n"+
"　单击"注销"按钮可以和服务器端开连接。\n"+
"4、选择需要接受消息的用户，在消息栏中写入消息，\n"+
"　同时可以选择表情，之后便可发送消息。\n";

```
        System.out.println(help);
    }
}
```

程序运行界面如图 2-25 所示：

```
package ChatServer;
public class Help{
public static void main(String[] args) {
    String help = "1、设置服务端的侦听端口（默认端口为 8888）。\n"+
    "2、单击"启动服务"按钮便可在指定的端口启动服务。\n"+
    "3、选择需要接受消息的用户，在消息栏中写入消息，之后便可发送消息。\n"+
    "4、信息状态栏中显示服务器当前的启动与停止状态、"+
    "用户发送的消息和\n    服务器端发送的系统消息。";
        System.out.println(help);
    }
}
```

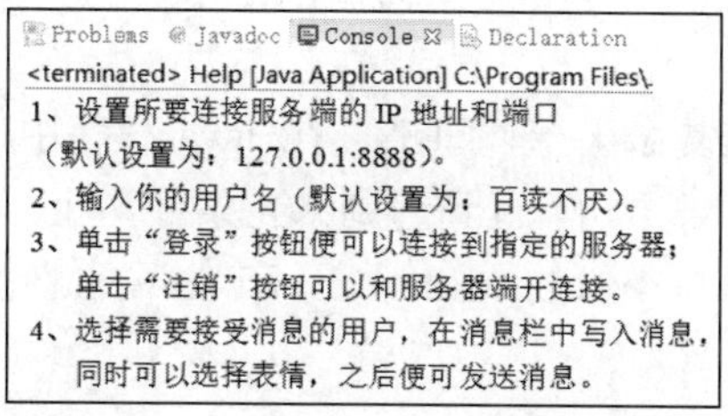

图 2-25　在 ChatClient 中创建 Help 类

程序运行界面如图 2-26 所示：

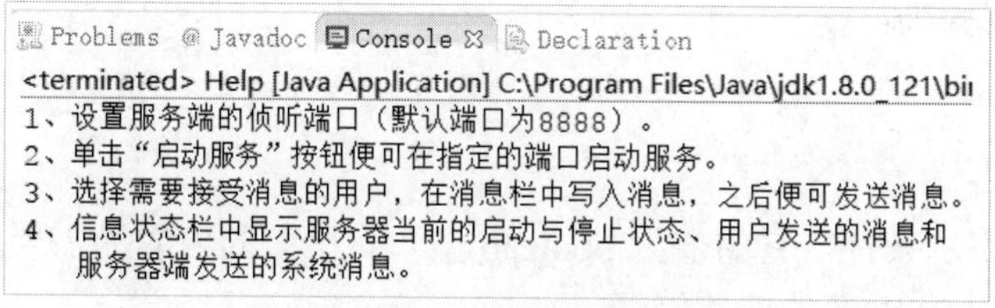

图 2-26　在 ChatServer 中创建 Help 类

2.7　本章小结

　　本章主要介绍了学习 Java 语言所需的基础知识。首先介绍了 Java 语言的基础语法、常量、变量的定义、基本的数据类型以及常见运算符的使用；然后介绍了数组和 String 类的相关操作。通过本章的学习，能够使读者掌握 Java 的基础语法，变量和常量的定义，数组和 String 类的声明、初始化和使用等知识。

第 3 章　Java 程序控制

 学习目标

本章学习下列知识:
- Java 循环控制。
- Java 判断控制。
- Java 跳转控制。

使读者具备下述能力:
- 编写程序让计算机重复进行需要的操作。
- 编写程序让计算机自主判断需要的操作。
- 编写程序让计算机进行需要的跳转操作。

3.1　循环控制

循环,顾名思义,就是重复做某一件事情。在 Java 程序中,循环控制即在某一情况下,控制程序重复执行某一条或多条语句,直到遇到终止条件为止。循环语句也称为迭代语句,在 Java 语言中,同样有和 C++语言类似的 while、for 和 do-while 循环语句。

3.1.1　while 循环语句

while 循环语句是 Java 中最基本的循环语句,控制 while 循环的条件有两种,即真和假。当控制条件为真时,程序反复执行某一套指令;当条件为假时,程序开始执行循环以外的下一条语句。它的基本形式为:

```
while(condition){
    //body
}
```

其中 condition 表示条件,它的值为 boolean 型。{}里面的内容为需要重复执行的代码。
首先来看一个 while 循环的简单例子。

【例 3-1】

```java
public class Test {
    public static void main(String[] args) {
        int i=0;
        while(i<5) {        //条件是 i<5
            i++ ;
            System.out.println("number："+i);
        }
        System.out.println("Hello World!");        //当 i 的值递增到 5 时跳出循环执行此句
    }
}
```

例 3-1 的程序运行结果如图 3-1 所示。

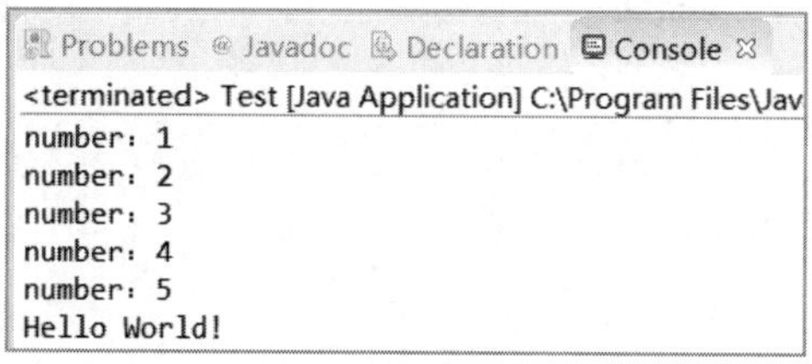

图 3-1　while 循环演示 1

在程序代码中，首先定义 i 的初始值为 0，然后写了一个 while 循环语句，条件为 i<5。分析程序：首先在 i=0 时，i++语句会将 i 的值递增到 1，这样循环下去，当 i=4 的时候，在循环体中 i 的值就会递增到 5，然而 while 循环的条件是 i<5，所以在 i 的值递增到 5 的时候，{}里面的代码就将不再执行，而开始执行{}以外的第一条语句，即打印 "Hello World!"。

分析完程序之后，读者应该基本明白了 while 循环控制程序的道理。下面再来看一个 while 循环的例子。

【例 3-2】

```java
public class Test {
    public static void main(String[] args) {
        int i=10;
        int j=20;
        while(i<j){
            i++ ;
            j--;
            System.out.println("i="+i+",j="+j);
        }
        System.out.println("i="+i+",j="+j+",哈哈，我们相遇了！");
    }
}
```

例 3-2 的程序运行结果如图 3-2 所示。

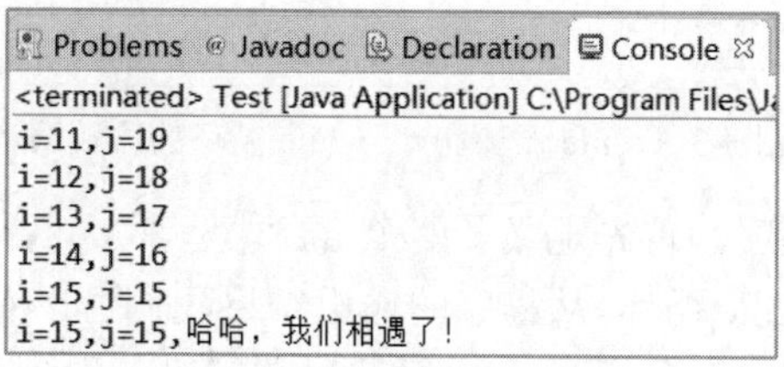

图 3-2　while 循环演示 2

在例 3-2 的程序中，while 循环的条件为 i<j，所以当 i 的值等于 j 的时候，循环就会终止。当 while 循环的条件永远为真时，就会造成死循环，如下面代码所示。

```java
while(true){
    System.out.println("Hello World!") ;
}
```

在这条循环语句中，如果不用我们将要学的线程知识，那么当程序执行到此的时候，将会永远执行打印"Hello World!"这条语句，直到关闭程序。这样的循环方式在后续学习服务器与客户端通信时会很有用，希望读者很好地掌握它。

3.1.2　do-while 循环

do-while 循环的基本格式为：

```
do{
   //body of loop
}while(condition) ;
```

我们先来看一下将 while 循环和 do-while 循环做比较的小程序，如例 3-3 所示。

【例 3-3】

```java
public class Test {
  public static void main(String[] args) {
    int i,j;
    i=j=5;
    //do-while 循环
    do{
      System.out.println("I am do-while!");
    }while(i>6) ;
    System.out.println("now，i="+i);
    //while 循环
    while(j>6) {
      System.out.println("I am while");
    }
    System.out.println("now，j="+j);
  }
}
```

程序的输出结果如图 3-3 所示。

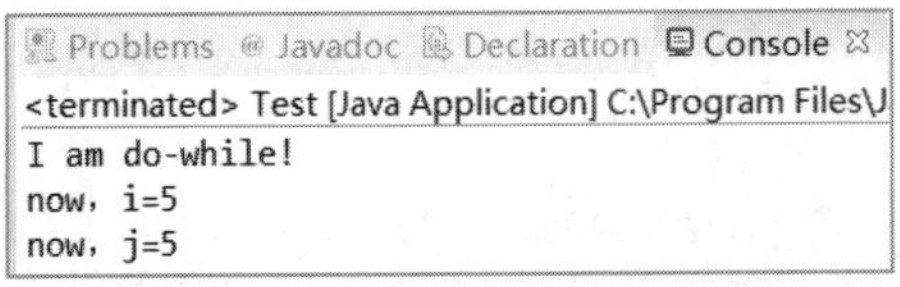

图 3-3　while 循环和 do-while 循环的比较演示

下面来分析例 3-3 的程序，首先定义了两个 int 型变量 i 和 j，然后给 i 和 j 赋初值 5；接着开始写 do-while 循环与 while 循环。从程序的输出结果我们可以看到，同样的条件下，do-while 循环{}中的 println()语句被执行了，而 while 循环里的却没有得到执行。

为什么会出现这样的结果呢？这是因为 do-while 的控制机制与 while 的控制机制是有区别的。while 循环的控制条件在执行体之前，只要条件不满足，{}中的代码就不会得到执行，而 do-while 循环是先执行{}中的代码，再去判断条件是否符合。换句话说就是，do-while 循环的{}中的代码至少会被执行一次，而 while 循环就不一定了。

了解 do-while 循环的控制机制后，我们就可以将例 3-1 的 while 循环改成 do-while 循环了，如例 3-4 所示。

【例 3-4】

```
public class Test {
    public static void main(String[] args) {
        int i=0 ;
        do{
            i++ ;
            System.out.println("number："+i);
        }while(i<5) ;    //条件是 i<5
        System.out.println("Hello World!");    //当 i 的值递增到 5 时执行此打印语句
    }
}
```

程序的输出结果同例 3-1 的一样，如图 3-1 所示。对例 3-4 这个程序，我们还可以做一个小的优化，如下：

```
do{
    System.out.println("number："+(++i));
}while(i<5) ;
```

输出结果保持不变。下面来了解一个控制循环的语句：for 循环。

3.1.3 for 循环

我们在讲解第 2 章内容时，就已经用到过 for 循环。它的基本格式如下：

```
for(initialization;condition;iteration) {
    //body
}
```

其中 initialization 表示初始化变量，变量类型为 int 型；condition 表示控制条件，它的值是 boolean 型的；iteration 表示迭代部分，常见的是对初始化变量进行 "++" 或 "--" 等算术运算。

在 J2SE5 版本发布以后，出现了 for-each 形式的循环，可以说 for-each 形式是 for 形式的增强版。但是从目前来看，应用较广的还是 for 循环。

先来看一个 for 循环的例题。

【例 3-5】

```
public class Test {
    public static void main(String[] args) {
        //开始 for 循环
        for (int i = 0; i < 5; i++) {
            System.out.println("number: "+i);
        }
        //for 循环结束时打印此句
        System.out.println("for 循环结束了");
    }
}
```

程序的输出结果如图 3-4 所示。

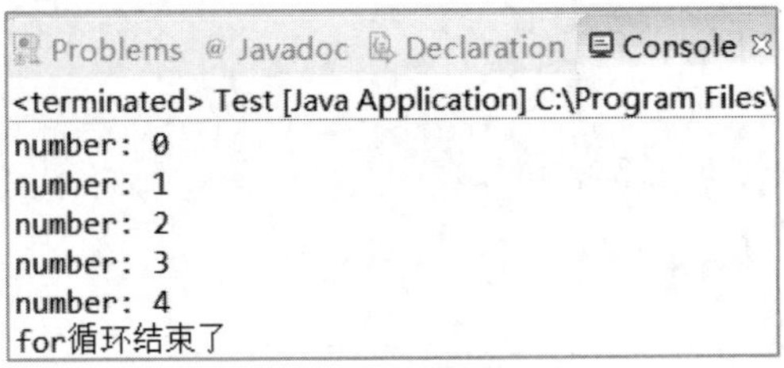

图 3-4　for 循环演示 1

下面来分析程序。从输出结果可以看到，{}里的代码被重复执行了 5 次。在 for 后面的()中，首先声明一个 int 型变量 i，其初始化值为 0，紧接着写分号，接着写控制条件 i<5，接着再写分号，最后对 i 进行"++"的迭代运算。当 i=0 时，开始第一次循环，此时将 i 的值打印出来，i 的值仍然是 0；第二次循环时，i 的值变成了 1。其实，for 循环是先验证控制条件，接着执行循环体，而迭代运算是要等到第一次循环结束之后才进行的。所以当 i 的值递增到 4 时，执行完成这一次循环后，将不再继续 for 循环了，因为此时 i 的值变成了 5，已经不符合条件了。

这里需要注意的是，如果控制循环条件的变量是在 for 后面的()里声明的，那么这个变量在程序的其他地方将不可用，否则程序在编译的时候就会报错。如果在其他地方需要用到这个变量的话，那么这个变量要在 for 语句之前声明，如下所示：

【例 3-6】

```java
public class Test {
    public static void main(String[] args) {
        int i;
        for (i = 0; i < 5; i++) {
            System.out.println("number: "+i) ;
        }
        System.out.println("end for,i="+i);
    }
}
```

程序的输出结果如图 3-5 所示。

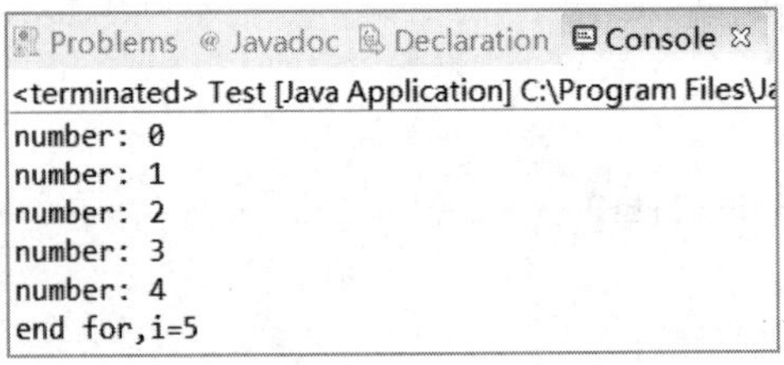

图 3-5　for 循环演示 2

再来看一个有趣的 for 循环，如下所示：

```java
for(;;){
        System.out.println("Hello world!") ;
}
```

在这个循环语句里，for 后面的()里只写了两个分号，可它却照样能运行。不过此循环会是一个死循环，它将一直打印输出"Hello World！"，直到关闭程序，其实就相当于 while(true){}。还有一种 for 循环，如下所示：

```
int i=0;
boolean flag=false ;
for(;!flag;){
    System.out.println("number: "+i);
    if(i==5){
        flag=true;
    }
        i++ ;
}
```

在这个程序里，for 后面的()里省略了初始化变量和迭代部分，它也能正常运行。这种风格通常不被采用。但是在某些特殊情况下，它却变得较实用，比如当控制条件是在循环以外的地方被设置的时候。

在 for 循环里，还可以嵌套另一些 for 循环语句，即常说的多层循环。在通常的应用中，我们一般用到三层循环，四层循环很少用。因为内嵌循环越多，需要考虑的方面就越多，程序也就越复杂了。

下面来看一个两层循环的例题。这个程序将输出九九乘法表，代码如下：

【例 3-7】
```
public class Test {
    public static void main(String[] args) {
        int i,j;
        for (i = 1; i < 10; i++) {
            for (j = 1; j <= i; j++) {
                System.out.print(j+"*"+i+"="+i*j+" ");
            }
            System.out.println();
        }
    }
}
```

程序的输出结果如图 3-6 所示。

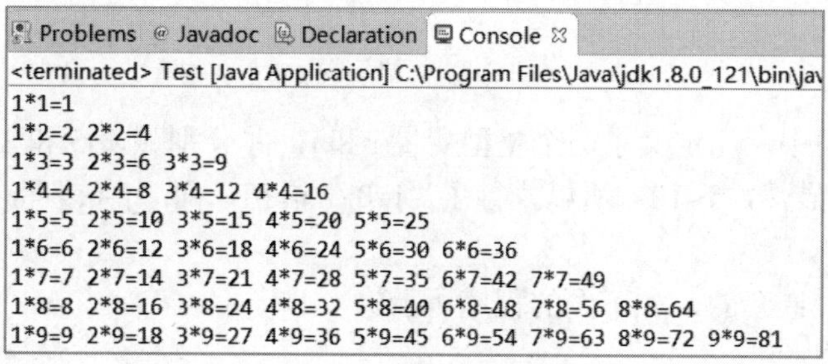

图 3-6　输出乘法表

3.2　判断控制

Java 语言提供了两种判断语句：if 语句和 switch 语句。这两种语句用于实现判断，当符合某些条件时执行某段代码，否则将不执行。

3.2.1　if 语句

if 语句的基本格式为：

```
if(condition){
    //body
}else {
  //body
}
```

其中 condition 代表条件表达式，其值为 boolean 型，当它的值为真时，执行紧随其后的{}中的代码，否则执行 else 后的{}中的代码。当不需要执行条件为假时的代码时，可以省略 else{}。

下面来看一个 if 判断语句的示例。

【例 3-8】

```
public class Test {
  public static void main(String[] args) {
    int i=5;
    int j=10;
    if(i<j){
      i=0;
    }else{
      j=0;
    }
    System.out.println("result:i="+i+",j="+j);
  }
}
```

程序运行结果如图 3-7 所示。

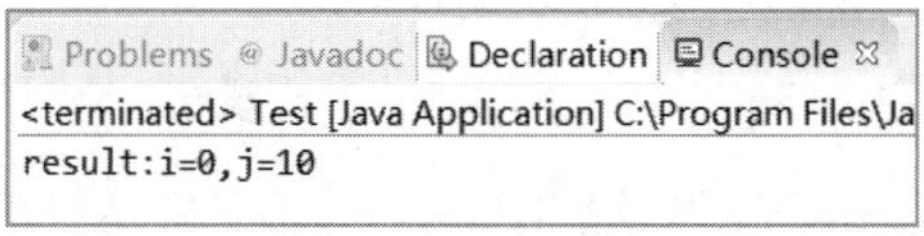

图 3-7　if 语句演示

在例 3-8 的程序中，先定义了两个整型变量 i 和 j，并分别赋值 5 和 10。在 if 语句中，条件表达式为 i<j，很显然，5<10，所以执行了"i=0;"语句，而"j=0;"将不执行，所以 j 的值仍为 10。

if 语句也是可以嵌套的，如下面的程序所示。

【例 3-9】

```
public class Test {
  public static void main(String[] args) {
    int a=4;
    int b=5 ;
    int c=3;
    System.out.println("a="+a+",b="+b+",c="+c);
    if(a+b>c&&a+c>b&&b+c>a) {
      System.out.println("a，b，c 能构成一个三角形。");
```

```
    if(a*b==b*b+c*c||b*b==a*a+c*c||c*c==a*a+b*b) {
        System.out.println("这个三角形是一个直角三角形！");
    }
  }else {
    System.out.println("a，b，c 不能构成一个三角形。");
  }
 }
}
```

程序的输出结果如图 3-8 所示。

```
Problems  Javadoc  Declaration  Console
<terminated> Test [Java Application] C:\Program Files\Ja
a=4,b=5,c=3
a,b,c能构成一个三角形。
这个三角形是一个直角三角形!
```

图 3-8　嵌套 if 语句演示

if 语句也提供根据多条件来选择执行某一操作，它由一个 if，若干个 else if 及一个 else 构成。语句基本格式如下：

```
if(condition 1){
    //body
}
else if(condition 2){
    //body
}
…
else if(condition N){
    //body
}
else {
    //body
}
```

多条件 if-else-if 语句的执行法则如下：if 以及 else if 后面的()内的条件表达式值必须为布尔型。执行该条件语句时，先计算 if 后面括号中表达式的值。如果该值为 true，则执行紧跟着的复合语句，然后就结束整个语句的执行；如果该值为 false，就依次再计算后面的 else if 的表达式的值，直到出现某个表达式的值为 true 为止，然后执行该 else if 后面的复合语句，结束整个语句的执行；如果所有的表达式值都为 false，就执行 else 后面的复合语句，结束整个语句的执行。

3.2.2　switch 语句

switch 语句是多分支的选择语句，也称开关语句。它的一般格式如下：

```
switch(expression){
    case value1:
        //body
        break;
    case value2:
```

```
        //body
        break;
      …
    case valueN:
        //body
        break;
    default:
        //body
}
```

switch 后面括号表达式的值（expression）与 if 后面括号表达式的值是截然不同的。expression 的值必须是整型或者是字符型的变量，常量 value1～valueN 也必须是整型或者字符型。先看下面这个例题，再来分析具体怎么使用 switch 开关语句。

【例 3-10】

```java
public class Test{
  public static void main(String args[]){
    for(int i=1;i<=5;i++){
      switch(i){
        case 1:
          System.out.println("我过了第 1 关！");
          break;
        case 2:
          System.out.println("我过了第 2 关！");
          break;
        case 3:
          System.out.println("我过了第 3 关！");
          break;
        case 4:
          System.out.println("我过了第 4 关！");
          break;
        default:
          System.out.println("哈哈。。。我过通关啦！");
      }
    }
  }
}
```

程序的输出结果如图 3-9 所示。

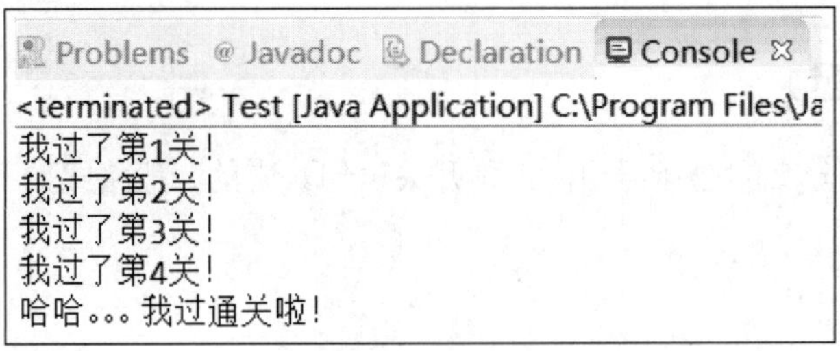

图 3-9   switch 语句演示

结合程序分析 switch 语句的用法：

switch 语句首先计算表达式（expression）的值，如果表达式的值和某个 case 后面的常量相同，就执行该 case 语句后的代码，直到碰到 break 结束语句跳出 switch 语句。若没有任何常量值与表达式的值相同，那么就执行 default 后面的代码。当然 default 是根据需求才加上去的，如果不涉及到不符合所有表达式常量值的情况，则可省略不写。

关于判断语句就介绍到这里，读者只有多加练习才能熟练地掌握它们的用法。

3.3　跳转控制

Java 提供了三种跳转语句：break 语句、continue 语句以及 return 语句，用来强制转移程序执行的顺序。

3.3.1　break 语句

break 语句在上节讲解 switch 语句时，就已经用到了，在这里将详细介绍它的用法。break 语句除了与 switch 结合使用外，还用来强制中断当前的循环，不再执行循环体中 break 后面的语句，退出循环。例如从数据库里循环取出数据，用来验证用户的用户名是否正确。如果当用户名符合某一条数据时，就需要用到 break 语句来结束当前的循环验证。

下面来看一个简单的中断循环的 break 例题。

【例 3-11】

```java
public class Test {
    public static void main(String[] args) {
        for (int i = 1; i < 10; i++) {
            System.out.println("number：" + i);
            if(i==5) {
                System.out.println("我已经符合条件了！");
                break ;
            }
        }
        System.out.println("Hello!");
    }
}
```

程序的输出结果如图 3-10 所示。

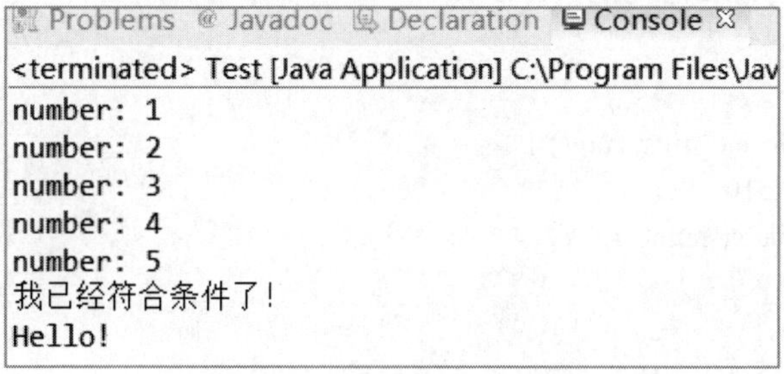

图 3-10　break 语句演示

3.3.2 continue 语句

continue 语句的功能是，在循环语句中，当碰到 continue 时，将不再执行循环体 continue 之后的语句，而重新判断循环控制的条件，继续循环，直到循环条件的值为假时退出循环。

下面的示例是用 continue 语句来计算 1～10 中的所有奇数之和。

【例 3-12】

```java
public class Test {
    public static void main(String[] args) {
        int sum=0;
        for (int i = 1; i <= 10; i++) {
            if(i%2==0){
                continue ;
            }
            System.out.print(i+" ");
            sum+=i;
        }
        System.out.println("sum = "+sum);
    }
}
```

程序的输出结果如图 3-11 所示。

图 3-11　求 1~10 中所有奇数之和

分析程序的主体代码：在 1～10 的 for 循环中，当 i 的值为偶数时，continue 即控制程序不再往下执行，而重新返回判断循环控制语句，也就是"sum+=i;"语句是不执行的。所以只有在 i 的值为奇数时，才进行"sum+=i;"的赋值运算。

3.3.3 return 语句

使用 return 语句可以从一个方法中显示返回结果，即将程序控制跳转到方法的调用者。因此它也被归为跳转语句。

下面是一个使用 return 语句的程序。

【例 3-13】

```java
public class Test {
    public static void main(String[] args) {
        for (int i = 1; i <= 10; i++) {
            System.out.println("number: "+i);
            if(i==5){
                return ;
            }
        }
        System.out.println("Hello!");
```

```
    }
}
```

程序的输出结果如图 3-12 所示。

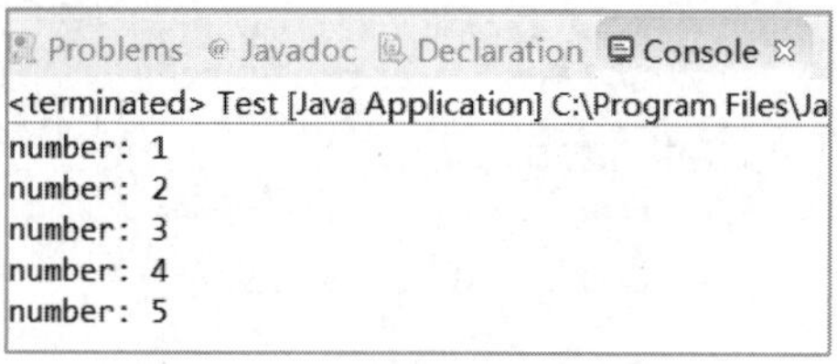

```
Problems  @ Javadoc  Declaration  Console ⊠
<terminated> Test [Java Application] C:\Program Files\Ja
number: 1
number: 2
number: 3
number: 4
number: 5
```

图 3-12　return 演示程序

从图 3-12 中可以看出，在循环体中，当 i 等于 5 时调用了 return 语句，程序就停止继续往下执行，在循环体外的打印语句也就没有得到执行。

3.4　贯穿项目（3）

项目引导：本章学习了 Java 程序控制语句，在本章贯穿项目中我们用 if 语句增强用户对用户名的可操作性。具体体现为用户是否接受默认用户名，是则使用默认，不是则用户自己输入。下面为程序代码。

```java
package ChatClient;
import java.util.Scanner;
public class ChatClient {
    public static void main(String[] args) {
        String userName = "百读不厌";        //默认用户名
        System.out.println("是否使用默认用户名（yes or no）: ");
        String str=null;
        Scanner sc = new Scanner(System.in);
        str=sc.nextLine();
        if(str.equals("yes"))
            System.out.println("您的名称为: "+userName);
        else if(str.equals("no"))
        {
            System.out.println("请输入您的名称: ");
            userName=sc.nextLine();
            System.out.println("您的名称为: "+userName);
        }
        else
        {
            System.out.println("输入错误! ");
        }
    }
}
```

在上述代码中，equals 的用法是用来比较两个字符串的值，格式为：str1.equals(str2)。如果用 str1 == str2，则比较的是字符串的地址。程序运行的输出结果如图 3-13 所示。

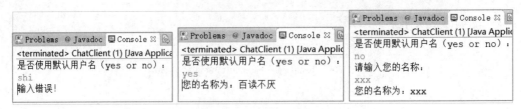

图 3-13 if 语句使用演示

3.5   本章小结

本章主要介绍了 Java 程序控制的三种控制方式：循环控制、判断控制以及跳转控制。分别介绍了 while 语句、do-while 语句、for 语句等循环语句，if 语句、switch 语句等条件选择结构语句和 break 语句、continue 语句、return 语句的基本概念和使用。通过本章学习，能够使读者掌握几种流程控制语句的使用方式。

第 4 章　Java 类与对象

 学习目标

本章学习下列知识:
- Java 面向对象的基本概念: 类和对象。
- Java 对象的属性和方法。
- Java 普通方法、静态方法和构造方法。
- Java 对象的构造与应用。
- Java 包的概念与应用。

使读者具备下列能力:
- 理解 Java 语言的面向对象思想。
- 理解面向过程编程思想和面向对象编程思想的区别。
- 设计并实现基础的 Java 类。
- 编写基础的面向对象程序。
- 了解 Java 基础类库。
- 熟悉 Java 类库的扩展。
- 将自己开发的类有效地组织和管理起来,做自己的类库。

4.1　理解面向对象

4.1.1　唐僧成功创业的故事——从没钱的老板到百万富翁

下面讲个故事,此故事纯属虚构。

时代变了,守着铁饭碗过活的日子一去不复返了。唐僧越来越感觉生活不如意了,原来给人讲讲经就可以让自己的精神生活和物质生活得到极大的满足,现在不行了,现在是"酷""富""吐"这三类人生活得比较滋润。

酷,能唱的、能跳的、能吹的、能耍的,等等。只要你某一方面"酷",就会有"粉丝儿"跟着,就会给你带来精神和物质的满足,这样的人生过得滋润。

富,即有本事赚钱的人。做个"传奇"游戏就能挣几千万,等等,各有自己的招,这样的人过得也得意。

吐,这是网络时代的新产物,能让大家为之吐槽的,像"哥哥""姐姐"之类的,也能拿个头彩,过得逍遥。

唐僧琢磨了自己的情况,讲"酷",不如孙猴子,怎么着都能"酷"出个样;讲"吐",不如猪八戒,怎么着都能让人"吐";又不想像沙和尚那样,一辈子没啥大出息。看来只有赚个"富"字了。

于是，唐僧东拼西凑了 5 千块钱，注册了一家公司，专营图书出版，也就是撺掇手里那些佛经。租了个小门脸，简单装饰了一下，就开始创业了。

第一天上班，感觉有点儿惨，光杆司令一个，但一想到自己是老板了，还是有些得意，想着将来总会好起来的。

办公室既是营业厅，也是前台，坐在这里唐僧就开始琢磨了，该做点什么呢？于是开始规划自己一天的工作了……

先打扫一下卫生间吧，擦擦玻璃，拖拖地，拾掇一下桌椅。

刚收拾完，居委会大妈就来收垃圾处理费了，没办法，接待吧。给了钱，大妈还得唠叨几句，防火啊，防贼啊，好不容易把大妈给送走了。

接下来，该记账了，刚开业还没挣呢就花了一笔。

记完账，想想该给认识的人打个电话，也算招揽一下生意，跑跑业务啊。于是又打了一通电话，朋友大都很热情，很肯帮忙的样子。放下电话，唐僧又觉得啥事也没成。

到中午了，肚子开始闹情绪了，只好先安抚它吧，于是订了个盒饭吃了。

下午，唐僧百无聊赖地坐了会儿，想写点儿什么，没纸也没笔，想起来要买些办公用品，好歹是个公司啊。

买完东西，回来把账一记，时间也差不多了，就锁了门，结束了当老板的第一天工作。想想也挺好，至少自己的事自己说了算啊。

就这样，唐僧熬了三个月，每天上班，开门，打扫卫生，接待各方来的大爷大妈们，打电话联系业务，买东西，偶尔也去人才市场看看，找点儿当老板的感觉，虽然没钱招人，但总得准备着吧。日子很快就过去了，三个月一分钱没赚，倒贴出去两万块。

三个月后，猪八戒想要一套书送给"丝"儿们，这家伙几天的时间就把握住了大局，成了名副其实的"吐"星，也拥有了众多的"吐丝儿"。于是猪八戒想给他的众多"吐丝儿"点儿回报，就委托唐僧出了一本书，要有点儿新意。这倒帮了唐僧，不但添了原有的窟窿，还赚了不少。

更没想到从此一发不可收拾，业务一单又一单，钱赚了一笔又一笔。唐僧现在最忙的不是业务，而是招聘人才。

先招个保洁，当老板了总不能自己打扫卫生吧，开门关门、打扫卫生、打水、送水都是保洁的事；再招个秘书，帮自己打理日常的业务，接电话，接待每天大爷大妈的事就归秘书干吧；再后来事情越来越多，秘书也忙不过来了，就招业务经理，招业务员，招保安，招财务，招人力资源经理。没两年的时间，公司已经有 50 多人了，唐僧自己也成了名副其实的百万富翁。

唐僧现在发现自己每天考虑得最多的问题就是人的问题。有人抱怨自己做的都是别人该干的事，有人抱怨别人不配合，有人抱怨别人抢了自己的事。在自己一个人的时候，一切都很简单，那时没有多少事情，所以怎么都行。现在再想单打独斗是不可能的了，现在最讲究的是管理，如何安排人。如何调整人与人的关系成为唐僧现在每天必须要解决的问题，以后公司的人还会更多，关系还会更复杂，公司也会发展得更大，这都是必然。

几年后，唐僧想自己也算小有成就，该参加个什么评选赛的。十大杰出青年是没份了，岁数太大。年度经济人物评选还不够资格，人家玩的都是亿。最后选来选去，选了最佳面向对象程序设计师。

要知为何如此？且听下回分解。

4.1.2　面向过程到面向对象的思维转换

前面的故事虽然没有什么现实意义，但却最好地解释了面向过程到面向对象的思维转换的过程。下面来具体分析面向过程与面向对象之间的区别。

1.　面向过程

面向过程是分析出解决问题所需要的步骤，然后用函数把这些步骤一步一步地实现，使用的时候一个一个依次调用。

面向过程考虑的是我们要做什么。就像没钱的唐僧，每天考虑的事就是做什么。如下所述：

（1）打扫卫生。

- 擦玻璃；
- 拖地；
- 拾掇桌椅。

（2）接待客人。

- 接待居委会大妈；
- 交垃圾处理费；
- 把大妈给送走了。

（3）记账。

（4）跑业务，打电话。

（5）买办公用品。

（6）记账。

（7）下班锁门。

这就是一个典型的面向过程的生活。总体看下来，这一天是由七件事组成的，前两件事又是由若干件小事组成的。在面向过程的程序设计中，"事"是用函数来实现的，所以我们可以把没钱的唐僧一天的生活用程序描述如下：

```
void CleanTheWindow(){
}
void CleanTheFloor(){
}
void CleanTheDesk(j){
}
void Takein(){
}
void Pay(){
}
void Packoff (){
}
void DoCleaning(){
    CleanTheWindow();      //清洁窗户
    CleanTheFloor();       //清洁地板
    CleanTheDesk();        //清洁桌子
```

```
    }
    void DoReception(){
        Takein();      //接待
        Pay();          //付款
        Packoff();     //送人
    }
    void KeepAccounts(){
    }
    void DoBusiness(){
    }
    void BuySomething(){
    }
    void LockTheDoor(){
    )
    void WorkofOneDay(){
        DoCleaning();        //保洁
        DoReception();       //接待
        KeepAccounts();      //记账
        DoBusiness();        //跑业务
        BuySomething();      //采购
        KeepAccounts();      //记账
        LockTheDoor();       //锁门
    }
```

从上述这段代码可以看出：

- 一件事就是一个函数：
  ```
  //记账
  void KeepAccounts(){
  }
  ```
- 处理一件事就是调用一个函数：
  ```
  KeepAecounts();
  ```
- 几件小事执行下来就是一件大事：
  ```
  void DoCleaning(){
      CleanTheWindow();      //执行清洁窗户
      CleanTheFloor ();      //执行清洁地板
      CleanTheDesk();        //执行清洁桌子
  }
  ```

2. 面向对象

面向对象是把构成问题的事务分解成各个对象。建立对象的目的不是为了完成一个步骤，而是为了描叙某个事物在整个解决问题的步骤中的行为。

唐僧能从没钱的老板转变成百万富翁，是因为他很好地遵循了面向对象的思想，并充分地利用了它，还获得最佳面向对象程序设计师奖。下面来看看他是如何实现转变的。

（1）招保洁。

- 开门关门；
- 打扫卫生；

- 打水；
- 送水。

（2）招个秘书。

- 打理日常的业务；
- 接电话；
- 接待大爷大妈。

（3）招业务经理。

（4）招业务员。

（5）招保安。

（6）招财务。

（7）招人力资源经理。

到最后是越招人越多，公司也就逐渐壮大起来。而唐僧每天必须解决的问题变成了如何管理人，如何安排人，如何调整人与人的关系。下面用程序来描述唐僧如何把公司发展壮大的。

```java
class Dustman{                    //保洁员
    void openTheDoor(){           //开门
    }
    void dightSanitation(){       //打扫卫生
    }
    void acceptWater(){           //打水
    }
    void giveWater(){             //送水
    }
}
class Secretary {                 //秘书
    void neatenOperation() {      //打理业务
    }
    void liftTheTel(){            //接电话
    }
    void receivePeople(){         //接待人们
    }
}
class OperationManager{           //业务经理
}
class OperationEmployee{          //业务员
}
class Triggerman{                 //保安
}
class FinanceMan{                 //财务
}
class ResourceManager{            //人力资源经理
}
```

可以看出，面向对象是以功能来划分问题，而不是步骤。在上述这个程序中，可以用一个类来创建一个对象。比如对保洁员类，就可以创建一个对象：

```
class Dustman{
    void openTheDoor() {            //开门
    }
    void dightSanitation(){         //打扫卫生
    }
...
}
```

由于功能上的统一保证了面向对象设计的可扩展性，所以如果公司在后期继续壮大，出现一个国际交流中心，就可以这样写：

```
class ItnCommunionCenter{
}
```

面向对象编程是 Java 的核心。在任何软件工程项目中，软件都不可避免地要经历概念提出、成长、衰老的生命周期。而面向对象的程序设计，可以使软件在生命周期的每一个阶段都能处变不惊，有很强的适应能力。

面向对象编程有三个重要的原则，即封装、继承和多态性。这些概念会在后续章节给大家详细讲解。

4.2　类

Java 语言和其他面向对象语言一样，引入了类的概念。类是 Java 的核心内容，是用来创建对象的模板。一个 Java 源文件就是由若干个类构成的。学会怎样写好类才能真正学会怎样编写 Java 程序。类有两种基本成员：变量和方法。变量用来刻画对象的属性，方法用来体现对象的功能。

4.2.1　类声明和类体

类是 Java 程序的核心，它定义了对象的形状和本质，可以用类来创建对象。当使用一个类创建了一个对象时，通常说给出了这个类的一个实例。

类由类声明和类体构成，它的基本格式如下：

```
class ClassName{
        //body
}
```

class 是声明类的关键字，每个字母都小写。"class ClassName"是类的声明部分。ClassName 需符合 Java 声明类名的标准规范，即每个单词的第一个字母需要大写（参考"Java 命名规范"）。"{}"以及之间的内容称为类体。

下面声明一个人类和一个动物类。

```
class People{
    ...
}
class Animal{
    ...
}
```

其中"class People"叫作类声明，People 称为类名。

4.2.2　类声明

Java 的类声明是创建类时必须对类的一些性质所进行的描述，包括类名、类的父类、类所实现的接口及类的修饰符。它的一般格式为：

[public][abstract|final]calss ClassName [extends superclassName]
[implements interfaceNameList]

关键字 class 前面是可选修饰符，其中：

- public：访问权修饰词，允许所有的类访问它，如果某个类以 public 做修饰词，那么这个类的类名必须和 Java 文件名（*.java）相同。
- abstract：对父类的修饰词，当这个类声明为抽象类时，该类就不能被实例化。
- final：对子类的修饰词，当这个类被声明为最终类时，它不能再有子类。

如果这个类上面还有父类，那么就需要用到 extends 修饰词，在它之后跟父类名。如果要实现某个接口，就需要用到 implements 修饰词，它后面跟接口名，接口名可以有多个。这些将在后续章节详细介绍。

4.2.3　类体的构成

紧跟在类名后面的大括号以及大括号之间的内容称之类体。我们在程序中写类的目的就是为描述一类事物共有的属性和功能。类体将完成对数据及对数据的操作进行封装。

类体内容由两种类型构成：

- 成员变量。通过变量声明定义的变量，称之为成员变量或域，用来描述类创建的对象的属性。
- 方法。类体主要由方法构成。方法可分为构造方法和普通方法。其中构造方法具有重要地位，它供类创建对象时使用，用来给出类所创建的对象的初始状态。普通方法可以由类所创建的对象调用，对象调用这些方法操作成员变量形成一定的算法，体现了对象具有某种功能。

下面来看一个类的程序段。

```
class Car{
    int speed;          //定义变量
    double high;
    double width;
    public Car(){       //构造方法
    }
    int getSpeed(){     //定义方法
        return speed;
    }
    double getHigh(){
        return high;
    }
    double getWidth(){
     return width;
    }
}
```

在这个程序段中，Car 是类名。在类体中，定义了三个变量，一个构造方法和三个普通方法。我们发现，定义变量的时候，有 int 型和 double 型。其实，成员变量的类型可以是 Java 中的任何一种数据类型。成员变量在整个类中都有效，与它在类体中的书写位置无关。譬如将成员变量的定义放在方法定义之后，这样对程序的编译和执行都不会产生影响，但按照通常的书写习惯以及规范，成员变量的定义一般书写在方法之前。

需要注意的是，如果要对变量进行操作，那么需要将操作写在方法中。方法可以对成员变量进行操作从而形成算法。例如下面的程序段：

```
class Test{
    int a=10;
    int b=20;
    int c;
    void add(){
        c=a+b;
    }
}
```

如果将"c=a+b;"写在 add()方法之外（如下所示），就是不合法的。

```
class Test{
    int a=10;
    int b=20;
    int c;
    c=a+b;    //不合法的，编译不能通过
    void add(){
    }
}
```

4.3　对象

类是抽象，而对象是具体。在 Java 的编程应用中，其实就是对具体的对象进行操作。也就是说，以类作为一个模板，创建一个对象作为类的一个具体实例。Object 类是所有类的父类。

4.3.1　对象的创建

创建对象的过程就是实例化类的过程：充分运用类的模板特性，用类来生产出它的实例。可以将类比作对象的创建工厂。

创建对象时需要做三件事：对象的声明、对象的实例化及对象的初始化。下面分别讲解。

1. 对象的声明

对象声明的一般格式如下：

类的名字　对象名字;

例如，存在一个类：

```
class People{
    int a;
    String name;
}
```

可声明该类的对象如下：

People galen;

在该语句中，People 是类的名字，galen 是我们声明的对象的名字。需要注意的是，类名必须是 Java 编译器能找到的，也就是说该类必须存在。用类声明的数据称为类类型变量，即对象，如用 People 类声明的 galen 对象。

对象在声明的过程中是一个空对象，还没有给它分配内存。要想对象有"实体"，还需要对它进行进一步的操作，即对对象进行实例化和初始化。

2. 对象的实例化和初始化

使用 new 运算符可以实例化一个已经声明的对象，并按照对象的类型给它分配内存。通常用 new 运算符实例化一个对象时，会同时调用类的构造方法对它进行初始化。如果该类中没有写构造方法，系统会调用默认的构造方法。默认的构造方法是不带参数的。

例如，实例化上面已经声明的 galen 对象：

galen=new People();

People 类中可以同时存在多个构造方法，假如 People 类中存在下述两个构造方法：

```
public People(){
}
public People(int i){
}
```

那么下面两条语句都是合法的。

galen = new People();

或

galen = new People(10);

如果 People 类中只有一个带 int 型参数的构造方法，那么实例化和初始化对象时，只有第二条语句是合法的。

这里需要注意的是，类的构造方法是特殊的类方法，它必须和类同名，并且不能有返回类型，也不能用 void 来标注。下面来分析代码：

galen=new People(1);

上述代码将实现两件事：

- 为成员变量 a（在对象声明中定义）分配内存空间，然后执行构造方法中的代码。
- 给出一个信息，确保成员变量 a 是属于对象 galen。

对于 People 类来说，为变量 a 分配内存空间后，将返回一个引用赋给对象变量 galen，也就是返回一个"地址号"给 galen。

再来看一个例子，Font 字体类是系统自带的类，我们来创建它的对象，代码如下：

Font f=new Font("Tithes Roman" , Font.BOLD,18);

其中对象 f 调用构造方法 Font()初始化时，它的参数"Times Roman"表示字体类型，"Font.BOLD"表示字型为粗体，字体为 18 号字体。

对象是一种类类型变量，属于引用型变量，即对象变量中存放着引用。所谓引用型变量，就是用来存放称为"引用"的地址号，而且引用型变量可以操作它所引用的变量。

对于一个类来说，可以通过 new 运算符为它创建多个不同的对象。这些对象将被分配不同的内存空间。但是给同一个类创建多个对象时，对象名不能相同。例如，我们给上面的 People

类创建两个对象：

```
People galen= new People(10);
People lily=new People(20);
```

4.3.2 对象的使用

一个对象被创建后，就可以来使用该对象了。使用对象可分为使用对象的变量和调用对象的方法。

1. 使用对象的变量

对象被创建后，就有了自己的变量，即对象的实体。通过使用运算符 ".", 对象可以实现对自己的变量的访问。使用的格式如下：

对象名.变量名

例如，People 类的对象 galen 就可以使用 galen.name 来访问变量名 name。

2. 调用对象的方法

如果创建的对象的类里面存在着方法，那么对象也可以使用运算符 "." 来调用类的方法，从而产生一定的行为功能。当对象调用方法时，方法中出现的成员变量就是指该对象的成员变量。使用的格式如下：

对象名.方法名(参数)

下面来看一个使用对象的例题。

【例 4-1】

```
public class Test{
    public static void main(String args[]){
        Car car=new Car(1.55,2.80);     //创建对象
        car.speed=100   ;               //使用对象的变量
        double d=car.getDistance(10);   //使用对象的方法
        double h=car.getHigh();
        double l=car.getLength();
        System.out.println("汽车的速度为每小时"+car.speed+"千米");
        System.out.println("10 小时跑了"+d+"千米");
        System.out.println("该汽车高"+h+"米");
        System.out.println("该汽车长"+l+"米");
    }
}
class Car{
    double speed;
    double high;
    double length;                  //定义变量
    public Car(double h,double l){  //构造方法
        high=h;
        length=l;
    }
    public double getDistance(int s){  //定义方法
        return speed*s;
    }
```

```
    public double getHigh(){
        return high;
    }
    public double getLength(){
        return length;
    }
}
```

上述程序的输出结果如图 4-1 所示。

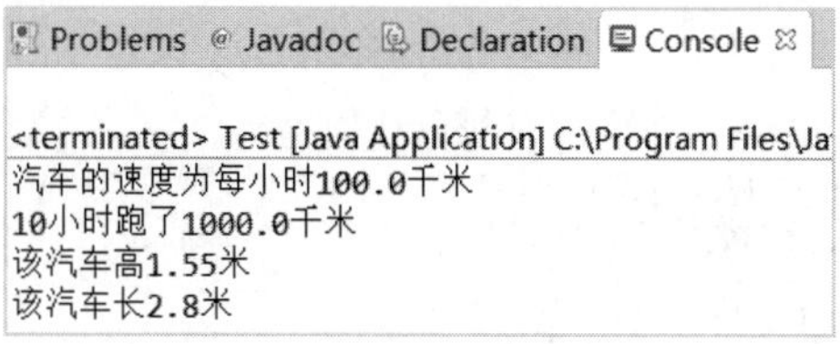

图 4-1　使用对象实例

4.3.3　对象的销毁

对象使用完毕后应该销毁它，然后由 Java 的垃圾回收器收集并释放该对象所占用的内存空间。销毁一个对象，只需将该对象赋值为 null 就可以了。

4.4　属性

成员变量用来刻画类创建的对象的属性，其中一部分成员变量称为实例变量，另一部分称为静态变量或类变量。如果一个成员变量的修饰词为 final，这个变量就称为常量。

4.4.1　类变量和实例变量

类变量和实例变量是很容易区分的。类变量是以关键字 static 为修饰词的成员变量，而不用 static 修饰词的成员变量就是实例变量。例如：

```
class Student{
    int a;
    double b;
    static int c;
}
```

其中，变量 a 和 b 是实例变量，而变量 c 为类变量。

上面我们学到过，一个类可以用 new 运算符创建多个不同的对象，而每个对象都将被分配不同的内存空间。准确地说应该是：不同对象的实例变量被分配到不同的内存空间，而如果类中存在着类变量，那么所有对象的这些类变量都将分配给相同的内存空间。如果改变其中一个对象的类变量会影响到其他对象的相应类变量。换句话说就是：对象之间共享类变量。

下面可以来看一个示例程序。

【例 4-2】

```
public class ClassVariableTest{
    public static void main(String args[]){
        Test t1=new Test();
        Test t2=new Test();
        t1.a=10;
        t1.b=10;
        System.out.println("start:\n t1.a="+t1.a+",t1.b="+t1.b);
        t2.a=20;
        t2.b=20;
        System.out.println("end:\n t1.a="+t1.a+",t1.b="+t1.b);
        System.out.println(" t2.a="+t2.a+",t2.b="+t2.b);
    }
}
class Test{
    int a;
    static int b;
}
```

上述程序的输出结果如图 4-2 所示。

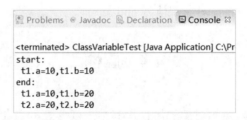

图 4-2   实例变量与类变量演示

从输出结果我们可以看到，对于实例变量 a，对象 t1 和 t2 调用它之后，它没有随着对象对它的改变而改变，但是类变量 b 就发生了改变。

类变量是与类相关的数据变量。也就是说，类变量是与该类所创建的所有对象相关联的变量。因此，类变量不仅可以通过某个对象访问，也可以直接通过类名访问。

实例变量是与相应的对象关联的变量。也就是说，不同对象的实例变量是相互独立的，被分配的内存空间也是不同的。当改变其中一个对象的实例变量时，是不会影响其他对象相应的实例变量的。实例变量必须通过对象来访问。

4.4.2   final 变量

final 变量就是我们常说的常量。按照 Java 的命名规范，常量的名字的所有字母都应该大写。final 变量是不占用内存的，所以在声明 final 变量时，必须初始化。final 变量不同于类变量和实例变量，对象虽然可以操作使用它，但是不能对它进行更改操作。下面来看一个 final 变量的例子。

【例 4-3】

```
public class FinalTest{
    public static void main(String args[]){
```

```
        //类变量可以直接通过类名访问
System.out.println("Test.MIN="+Test3.MIN);
    Test3 test=new Test3();
    test.i=test.MIN+test.MAX;    //final 变量可以通过对象访问
    System.out.println("test.i="+test.i);
    //test.MAX=100;    试图改变 final 变量，编译器是不允许的
    }
}
class Test3{
    int i=10;
    final int MAX=99;
    static final int MIN=1;
}
```

上述程序的输出结果如图 4-3 所示。

图 4-3　final 变量演示

4.5　方法

4.5.1　方法的声明和方法体

最基本的方法声明包括方法名和方法的返回类型，返回类型也简称为方法的类型。方法的声明如下：

```
int getNumber() {
    return 1;
}
```

在该方法中，int 为方法的返回类型，getNumber 为方法的名字，方法名字后面必须跟圆括号。大括号以及大括号以内的内容统称为方法的方法体。

写方法的时候，需要注意的问题有很多。首先方法名需符合 Java 命名规范。其次就是除构造方法外，其他方法都可以有返回类型。返回类型可以是 Java 的任意数据类型。如果方法没有返回数据，那么返回类型必须是 void，不能省略不写。如果方法声明了返回类型（除 void 外），那么在方法体的最后，必须用 return 语句返回相对应的类型数据。方法名后的圆括号中是可以带参数的，参数类型为 Java 的任意数据类型，多个参数之间用逗号隔开。例如：

```
void setInfo(String userame, int age){}
```

4.5.2　构造方法

构造方法是具有特殊地位的方法。对象不可以调用构造方法，构造方法是专门用来创建对象的。

一个类中可以有多个构造方法，但是这些构造方法的参数必须是不同的。构造方法的方法名必须与类名相一致。构造方法不能有返回类型，也不能写 void。

类里面可以不写构造方法，如果用无构造方法的类创建对象，系统会调用默认的构造方法。默认的构造方法是不带任何参数的。

下面的 Student 类中，写了三个构造方法。

```
class Student{
    Student(){
    }
    Student(String username){
    }
    Student(String username,int age){
    }
}
```

4.5.3　类方法与实例方法

除构造方法外，其他方法可以分为类方法或实例方法。方法声明中用关键字 static 修饰的称为类方法，也称静态方法；不用 static 修饰的称为实例方法。

类方法与实例方法存在着一定的区别：

● 一个类中的方法可以相互调用。实例方法可以调用该类中的实例方法或类方法，但是类方法只能调用该类中的类方法，而不能调用实例方法。

● 实例方法可以操作成员变量（无论是实例变量还是类变量）；但类方法只能操作类变量，不能操作实例变量。也就是说，类方法中不能有操作实例变量的语句。

● 实例方法必须通过对象来调用；类方法可以通过类名来调用。

下面来看一个关于类方法和实例方法的例题。

【例 4-4】

```
public class MyTest2{
    public static void main(String args[]){
        int a=Test4.staticTest(5,10);        //通过类名访问类方法
        System.out.println("a="+a);
        Test4 t=new Test4();
        int b=t.example(5,10);               //通过对象访问实例方法
        System.out.println("b="+b);
    }
}
class Test4{
    int a;
    int b;
    static int c;
    int example(int i,int j){                //实例方法
        a=getMax(i,j);                       //调用类方法
        b=getMin(i,j);                       //调用实例方法
        return a+b;
```

```
    }
    static int getMax(int i,int j){      //类方法
      if(i>j){
        return i;
      }else{
        return j;
      }
    }
    int getMin(int i,int j){             //实例方法
      if(i>j){
        return j;
      }else{
        return i;
      }
    }
}
```

上述程序的输出结果如图 4-4 所示。

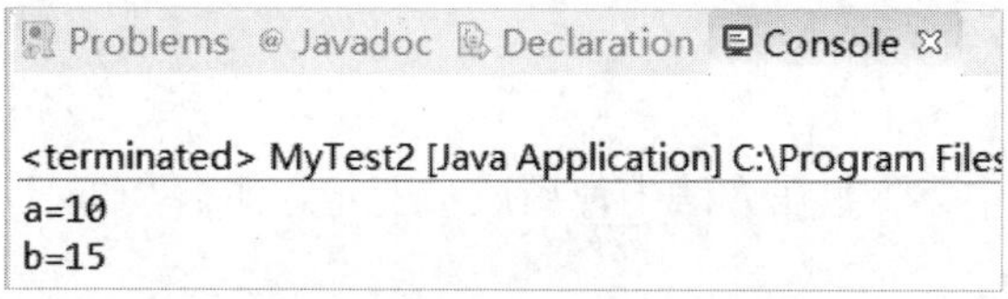

```
Problems  @ Javadoc  Declaration  Console
<terminated> MyTest2 [Java Application] C:\Program Files
a=10
b=15
```

图 4-4　类方法与实例方法演示

4.5.4　this 关键字

this 关键字能出现在构造方法和实例方法中，但是不能出现在类方法中。this 出现在类的构造方法中表示使用该构造方法所创建的对象。如下面的例题：

【例 4-5】

```
public class Hello{
    public static void main(String args[]){
        Example e=new Example();
    }
}
class Example{
    Example(){
      this.smile();
    }
    void smile(){
      System.out.println("Hello,Lily,^-^");
    }
}
```

上述程序的输出结果如图 4-5 所示。

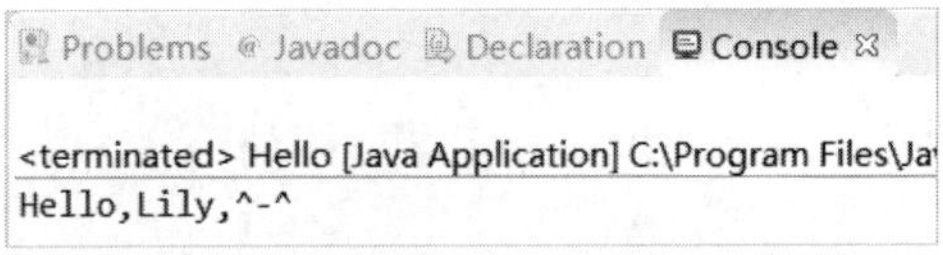

图 4-5   this 关键字出现在构造方法中

this 关键字出现在类的实例方法中，表示使用该方法的当前对象。平常我们在实例方法中操作成员变量时，其实是省略了书写 this 关键字。如下面的类 A 与类 B 中操作成员变量 a 的意义是一样的。

```
class A{
    int a;
    void add(){
    this.a=1+2;
    }
}
class B{
    int a;
    void add(){
    this.a=1+2;
    }
}
```

但是在下面的情况中，要想在方法中使用成员变量，那么"this."就不能省略，如下所示：

```
class C{
    int a;
    void test(int a){
        this.a=a;
    }
}
```

this 关键字不能出现在类方法中，是因为类方法可以通过类名来直接调用，这时可能还没有任何对象产生。

4.6   包

Java 提供了一个管理类的有效机制——包。如果在同一文件夹下有多个 Java 源文件，而在 Java 程序中又存在多个类，在不同的程序中，有可能会声明相同的类名，那么程序在编译之后产生的类文件就会发生冲突。为避免这样的冲突，我们可以利用 Java 中包的机制来管理每个 Java 程序编译后的类文件。包既是命名机制，又是可见度控制机制。在包内定义一个类后，包外的代码如果不引入该类，将无法访问该类。

4.6.1   创建包

创建包的语句很简单，可以通过 package 关键字来声明，一般格式如下：

package   包名；

如果要创建一个多层次的包，那么 package 后的标识符用"."隔开，如下：

package   包名 1.包名 2.包名 3；

在程序中，package 语句必须写在程序的第一行，例如下面的例题程序：

【例 4-6】

```
package hello;
public class Test6{
    public static void main(String args[]){
        System.out.println("Hello world!");
    }
}
class Hello{
    Hello(){
    }
}
```

上述程序程序编译之后，Test 类和 Hello 类都会被管理在 hello 包中，如图 4-6 所示。（本例 Java 源文件放在 E 盘目录下）

图 4-6　包的演示

如果是开发的商业源码，可以参照下面的声明格式来管理类文件。

package com.公司名.自定义包名;

4.6.2　导入包

使用 import 语句可以导入包中的类。Java 提供了丰富的类库，如果我们需要使用这些类的话，就需要在程序中用 import 语句将其导入。这里需要注意的是，import 语句必须写在 package 语句与源文件类的定义之间。

import 语句的一般形式为：

import pkgl.pkg2.(classname|*);

譬如要导入一个工具包中的日期对象，可以这样写：

import java.util.Date;

一个 Java 源程序中允许写多个 import 语句。如果想将某个包中的所有类都导进来，可以使用星号 "*" 表示。例如要将 util 包中所有的类导进来可以这样写：

import java.util:*;

提示：星号形式可能会增加编译时间，特别是在导入几个大的包时更是如此。因此，一般是显式地命名想要使用的类而不是导入整个包。

对于 java.lang 这个包中的全部类，系统会自动为我们导进来，而不需要再写"import java.lang.*;"语句。java.lang 包是 Java 语言的核心类库，它包含了运行 Java 程序必不可少的系统类。

如果是自定义的包，也可以使用 import 语句来导入包里的类。譬如导入例 4-6 中的 Hello 类可以这样写（源程序在同一目录）：

import hello.test.Hello;

下面来看一个导入当前日期对象类的程序，如例 4-7 所示。

【例 4-7】

```
package test;
import java.util.Date;
public class DateTest{
    public static void main(String args[]){
        Date date=new Date();
        String time=date.toLocaleString();
        System.out.println("当前时间是："+time);
    }
}
```

上述程序的输出结果如图 4-7 所示。

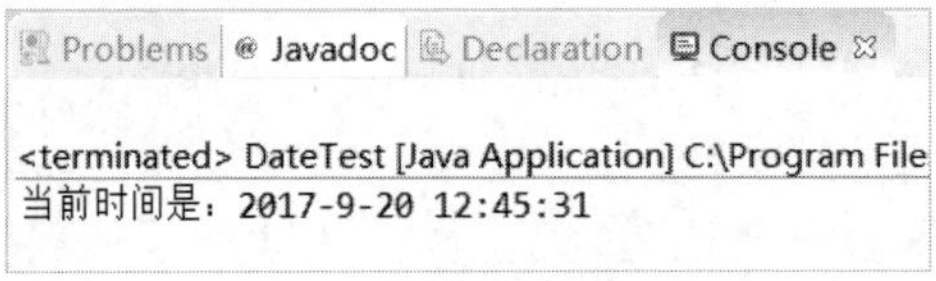

图 4-7　输出当前时间

4.7　贯穿项目（4）

项目引导：本章学习了面向对象的基础知识。本次贯穿任务是建立一个用户链表的节点类；然后再建一个用户链表；最后在主类中调用。以下为详细步骤。

（1）用户链表的结点类。

```
package Chatserver;
import java.net.*;
import java.io.*;
public class Node {
    String username = null;
    Node next = null;
    //以下三行在此次贯穿任务中可忽略。
    Socket socket = null;              //通过 Socket 向网络发出请求或者应答网络请求
    ObjectOutputStream output = null; //网络套接字输入输出流，将属性或者有用的接口同输出流连接起来
    ObjectInputStream input = null;
}
```

（2）用户链表。

```
package Chatserver;
```

```java
public class UserLinkList {
    Node root;
    Node pointer;
    int count;
    //构造用户链表
    public UserLinkList(){
        root = new Node();
        root.next = null;
        pointer = null;
        count = 0;
    }
    //添加用户
    public void addUser(Node n){
        pointer = root;
        while(pointer.next != null){
            pointer = pointer.next;
        }
        pointer.next = n;
        n.next = null;
        count++;
    }
    //删除用户
    public void delUser(Node n){
        pointer = root;
        while(pointer.next != null){
            if(pointer.next == n){
                pointer.next = n.next;
                count --;
                break;
            }
            pointer = pointer.next;
        }
    }
    //返回用户数
    public int getCount(){
        return count;
    }
    //根据用户名查找用户
    public Node findUser(String username){
        if(count == 0) return null;
        pointer = root;
        while(pointer.next != null){
            pointer = pointer.next;
            if(pointer.username.equalsIgnoreCase(username)){
                return pointer;
            }
        }
```

```
        }
        return null;
    }
    //根据索引查找用户
    public Node findUser(int index){
        if(count == 0) {
            return null;
        }
        if(index < 0) {
            return null;
        }
        pointer = root;
        int i = 0;
        while(i < index + 1){
            if(pointer.next != null){
                pointer = pointer.next;
            }
            else{
                return null;
            }
            i++;
        }
        return pointer;
    }
}
```

（3）在主类中调用。

```
package ChatServer;
public class ChatServer {
    public static void main(String[] args) {
        Node name1 =new Node();
        Node name2 = new Node();
        name1.username="圣贤之道";
        name2.username="为而不争";
        UserLinkList user =new UserLinkList();
        user.addUser(name1);
        user.addUser(name2);
            //user.delUser(name1);
        System.out.println(user.getCount());
        System.out.println(user.findUser(0).username);
        System.out.println(user.findUser("为而不争").username.equalsIgnoreCase("为而不争"));
    }
}
```

上述程序的输出结果如图 4-8 所示。

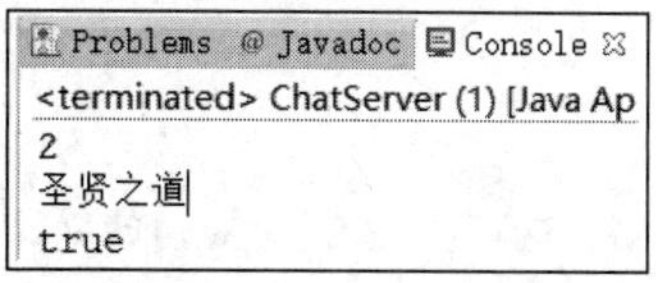
Problems @ Javadoc Console
<terminated> ChatServer (1) [Java Ap
2
圣贤之道
true

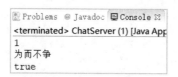

图 4-8　类的调用演示 1

在上述代码中的 user.addUser(name2); 后加入 user.delUser(name1); 结果如图 4-9 所示。

Problems @ Javadoc Console
<terminated> ChatServer (1) [Java App
1
为而不争
true

图 4-9　类的调用演示 2

4.8　本章小结

本章主要介绍了 Java 面向对象的基础知识。首先介绍了面向对象的思想；然后介绍了类的结构；其次介绍了对象的创建与使用；最后介绍了方法的一些知识和包的定义及使用。通过本章学习，读者应学会构造方法以及应用方法，学会如何创建包和导入包。

第 5 章　深入 Java 类

 学习目标

本章学习下列知识：
- 属性和方法的访问限制。
- 方法重载。
- 静态机制。
- 嵌套类。
- 内部类。
- JavaBean 组件开发。

使读者具备下列能力：
- 深入理解面向对象的类结构。
- 掌握面向对象设计的零配件（为后续完美设计打基础）。
- 掌握 Java 组件开发技术（为开发复杂应用程序奠定组件基础）。

5.1　类的访问限制

第 4 章中我们讲到类是由成员变量和方法组成。由类来创建对象，对象可以通过运算符"."来访问分配给自己的变量，也可以通过"."来调用类中的类方法和实例方法。我们将在本章深入学习 Java 类。

类在定义声明成员变量和方法时，可以用关键字 private、protected 和 public 来说明成员变量和方法的访问权限，使得对象访问自己的变量和方法受到一定的限制。下面，将给大家介绍类的访问限制。

5.1.1　私有变量和私有方法

以关键字 private 来修饰的成员变量与方法称为私有变量和私有方法，如下所示。

```
class Test{
    private int a;
    private int getMax(int i,int j){
        return i>j?i:j;
    }
}
```

在上述代码段的 Test 类中，成员变量 a 被修饰为私有的 int 型变量，getMax()方法也被修饰为私有方法。如果在另一个类中有 Test 类创建的对象，那么这个对象将不能访问自己的私有变量和私有方法。例如下面的写法是不合法的。

```
class MyTest{
```

```
MyTest(){
Test test = new Test();
test.a=10;                      //非法，编译无法通过
int k=test.getMax(5,10);        //非法，编译无法通过
    }
}
```

只有在本类中创建该类的对象时，这个对象才能访问自己的私有变量和私有方法。
下面来看一个使用私有变量和私有方法的例题。

【例 5-1】

```
public class FirstPrivateTest {
    private int a;
    private int b;
    FirstPrivateTest() {
    }
    private int getMax() {
        return a>b?a:b;
    }
    public static void main(String args[]) {
        FirstPrivateTest test = new FirstPrivateTest();
        test.a = 100;
        test.b = 200;
        int i = test.getMax();
        System.out.println("a=" + test.a + ",b=" + test.b);
        System.out.println("Max=" + i);
    }
}
```

上述程序的输出结果如图 5-1 所示。

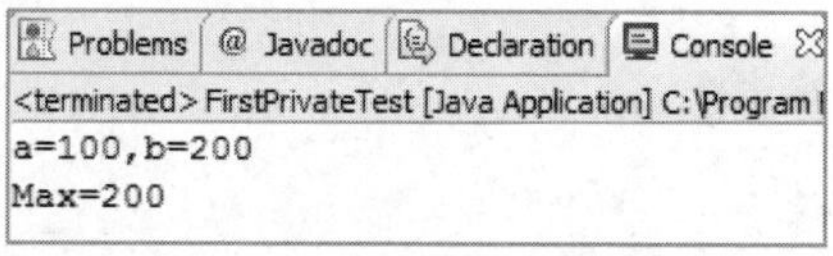

图 5-1　私有变量和私有方法演示

5.1.2　公有变量和公有方法

以关键字 public 来修饰的成员变量与方法称为公有变量和公有方法。在一个类中，当某个变量或方法被定义为 public 后，在另一个类中创建该类的对象时，那么这个对象就能访问自己的 public 变量和 public 方法。另外，在另一个类中可以不经过创建该类的对象，通过类名也能操作该类的 public 类变量或调用 public 类方法。

我们来看如下的例题。

【例 5-2】

```
package chapter5;
public class FirstPublicTest {
    public static void main(String args[]) {
```

```
        MyTest mt = new MyTest();
        mt.a = 123;
        mt.b = 456;
        int c = mt.getMin();
        System.out.println("a=" + mt.a + ",b=" + mt.b);
        System.out.println("Min=" + c);
    }
}
class MyTest {
    public int a;
    public int b;
    public MyTest() {
    }
    public int getMin() {
        return a > b ? b : a;
    }
}
```

上述程序的输出结果如图 5-2 所示。

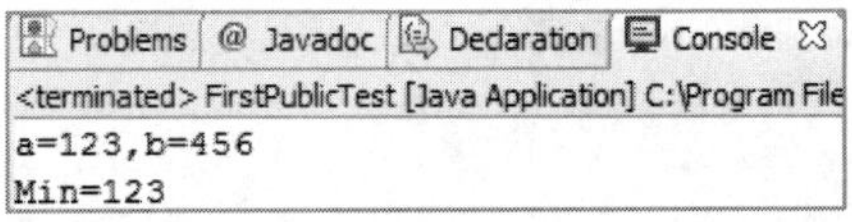

图 5-2   公有变量和公有方法演示

5.1.3   受保护变量和受保护方法

以关键字 protected 来修饰的成员变量与方法称为受保护的变量和受保护的方法。如下所示。

```
class A{
    protected int a;
    protected int getSum(int i,int j){
    return i+j ;
    }
}
```

与类 A 在同一个包下的其他类,或者类 A 的子类可以访问其中的 protected 变量和 protected 方法;既不与类 A 在同一个包下也不是类 A 的子类,这样的类不可以访问其中的 protected 变量和 protected 方法。

5.1.4   友好变量和友好方法

通常不用关键字 private、public 和 protected 修饰的成员变量和方法称为友好变量和友好方法。通过类来创建对象,该对象可以操作友好变量或调用友好方法。如果其他类和定义了友好变量或友好方法的类在同一个包中,那么也可以通过类名来操作友好类变量或调用友好类方法。

把这些访问控制总结成一个表,见表 5-1。其中对象 a 是由类 A 创建的。

表 5-1　对象访问成员

对象 a 的位置	私有成员	友好成员	受保护的成员	公有成员
在类 A 中，a 访问成员	允许	允许	允许	允许
在与 A 同包中的另一个类中，a 访问成员	不允许	允许	允许	允许
在与 A 不同包的另一个类中，a 访问成员	不允许	不允许	不允许	允许

5.2　方法重载

在 Java 中，如果要在同一个类中写多个相同名字的方法，那么只需要这些方法的参数不同就行。这个过程即称为方法重载。方法重载是多态性的一种，也是 Java 值得人激动的特征之一。所谓多态性，是指可以向功能传递不同的消息，以便让对象根据相应的消息来产生一定的行为。对象的功能通过类中的方法来体现，那么功能的多态性就是方法的重载。

方法重载可以概括成一句话：同名不同参。不同参可以是指不同类型的参数，也可以是参数的数量不同。方法的返回类型及参数的名字与方法重载无关。

下面来看一个方法重载的例题。

【例 5-3】

```java
package chapter5;
public class RepeatTest {
    public static void main(String args[]) {
        Test test = new Test();
        test.getSum();
        test.getSum(5);
        int a = test.getSum(8, 10);
        float f = test.getSum(1.2f, 3.5f);
        double d = test.getSum(5.21, 6.34);
    }
}
class Test {
    Test() {
        System.out.println("我们的名字都叫 getSum。");
    }
    void getSum() {
        System.out.println("我没带参数！");
    }
    void getSum(int i) {
        System.out.println("我带一个 int 型参数，值为：" + i);
    }
    int getSum(int i, int j) {
        System.out.println("我带两个 int 型参数，值为：i=" + i + ",j=" + j);
        return i + j;
    }
    float getSum(float f1, float f2) {
```

```
        System.out.println("我带两个 float 型参数，值为：f1="+f1+",f2="+ f2);
        return f1 + f2;
    }
    double getSum(double d1, double d2) {
        System.out.println("我带两个 double 型参数值为：d1="+d1+",d2="+d2);
        return d1 + d2;
    }
}
```

上述程序的输出结果如图 5-3 所示。

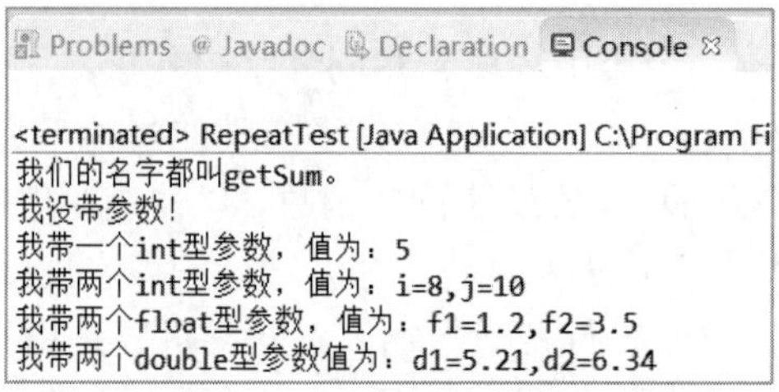

图 5-3   方法重载演示

在例 5-3 的 Test 类中，getSum 方法被重载了 5 次，每次所带参数都不相同。在上面我们说到，方法重载与返回类型无关，所以下面的程序是不合法的。

```
class A{
    void test(){
    }
    int test(){    //非法
    }
}
```

5.3   static 关键字

我们已经知道，以 static 为修饰词的成员变量称为类变量，以 static 为修饰词的方法称为类方法。当声明一个成员为 static 时，可以在类的任何对象创建之前访问它，而无需引用任何对象。static 成员最常见的是 main()方法，因为在程序开始执行时，必须调用它。

被声明为 static 的变量本质上是全局变量。当声明类的对象时，不生成 static 变量的副本，类的所有实例共享同一个 static 变量。

声明为 static 的方法有下面的限制：

- 它们仅可以调用其他 static 方法。
- 它们只能访问 static 数据。
- 它们不能以任何方式引用 this 或 super。

我们已经在第 4 章详细介绍过类变量和类方法，在此就不再赘述了。下面来看一个 static 的示例。

【例 5-4】
```
public class StaticTest {
    static int a1;
```

```
        static byte a2;
        static long a3;
        static float a4;
        static double a5;
        static void test() {
            a1 = Integer.parseInt("1234");
            System.out.println("a1=" + a1);
            a2 = Byte.parseByte("97");
            System.out.println("a2=" + a2);
            a3 = Long.parseLong("123456789");
            System.out.println("a3=" + a3);
            a4 = Float.parseFloat("12.5");
            System.out.println("a4=" + a4);
            a5 = Double.parseDouble("3.1415926");
            System.out.println("a5=" + a5);
        }
        public static void main(String args[]) {
            StaticTest.test();
        }
    }
```
上述程序的输出结果如图 5-4 所示。

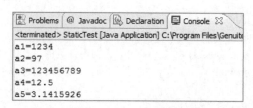

图 5-4　static 成员演示

5.4　嵌套类与内部类

首先来了解一下什么叫嵌套类和内部类。

可以在一个类的内部定义另一个类，这种类称为嵌套类。嵌套类从 JDKl.1 开始引入。它的作用域由包含它的类的作用域决定。嵌套类分为两种类型：静态嵌套类和非静态嵌套类。静态嵌套类是一个具有 static 修饰词的类，它必须通过对象来访问其包围类的成员。平常我们使用得最多的是非静态嵌套类，也被称作内部类。内部类可以访问它的外部类的所有变量和方法，并且可以像外部类的其他非静态成员那样以同样的方式直接引用它们。

内部类又可分为三种：

- 在一个类（外部类）中直接定义的内部类。
- 在一个方法（外部类的方法）中定义的内部类。
- 匿名内部类。

下面将说明这几种嵌套类的使用及注意事项。

5.4.1 外部类中定义内部类

例 5-5 是一个静态嵌套类的示例。

【例 5-5】

```java
package chapter5;
public class StaticNestingTest {
    private static String name = "lily";
    private int age = 21;
    static class Person {
        private String address = "中国北京";
        public String tel = "138888888888";          //内部类公有成员
        public void display() {
            // System.out.println(age);              //不能直接访问外部类的非静态成员
            System.out.println(name);                 //只能直接访问外部类的静态成员
            System.out.println(address);
            System.out.println(tel);                  //访问本内部类成员。
        }
    }
    public void printInfo() {
        Person person = new Person();
        person.display();
        // System.out.println(address);              //不可访问
        // System.out.println(tel); //不可访问
        System.out.println(person.address);           //可以访问内部类的私有成员
        System.out.println(person.tel);               //可以访问内部类的公有成员
    }
    public static void main(String[] args) {
        StaticNestingTest snt = new StaticNestingTest();
        snt.printInfo();
        System.out.println(snt.age);
    }
}
```

上述程序的输出结果如图 5-5 所示。

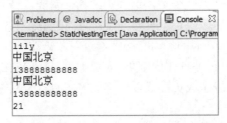

图 5-5 静态嵌套类演示

在上述程序中，注意其中所标注的注释。Java 语法规定：静态方法不能直接访问非静态成员。所以在静态嵌套类内部，不能访问外部类的非静态成员。若想访问外部类的变量，必须通过其他方法解决。正是由于这个原因，静态嵌套类在现实使用中很少用到。注意，当外部类访问内部类的成员时，不能直接访问，但可以通过内部类来访问，这是因为静态嵌套内的所有成员和方法是默认为静态的。

下面的例 5-6 体现了在外部类中定义两个内部类及它们的调用关系。

【例 5-6】

```java
package chapter5;
public class OutTest {
    String name = "galen";
    class InnerOne {
        public int a = 1;
        private int b = 2;
        int c = 3;
        public void display() {
            System.out.println("name:" + name);
        }
    }
    void test() {
        InnerOne ino = new InnerOne();
        ino.display();
        // System.out.println("InnerOne a:"+a);      //不能访问内部类的变量
        System.out.println("InnerOne a:" + ino.a);   //可以访问
        System.out.println("InnerOne b:" + ino.b);   //可以访问
        System.out.println("InnerOne c:" + ino.c);   //可以访问
        InnerTwo it = new InnerTwo();
        it.transfer();
    }
    class InnerTwo {
        InnerOne ino = new InnerOne();
        public void transfer() {
            // System.out.println(a);  //不可访问内部类的成员
            //不可直接访问内部类的任何成员和方法
            // System.out.println(InnerOne.a);
            ino.display();                //可以访问
            //可以访问
            System.out.println("sum=" + (ino.a + ino.b + ino.c));
        }
    }
    public static void main(String args[]) {
        OutTest ot = new OutTest();
        ot.test();
    }
}
```

上述程序的输出结果如图 5-6 所示。

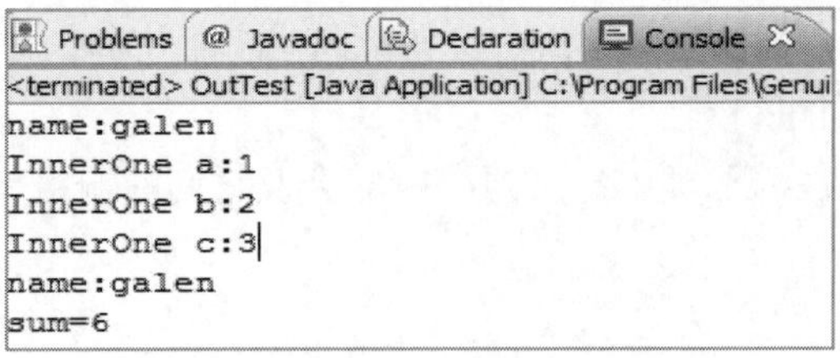

图 5-6　外部类中定义两个内部类

　　对于内部类，通常在定义类的 class 关键字前不加 public 或 private 等修饰词。内部类的变量成员只在内部类可见，若外部类或同层次的内部类需要访问，需要先创建内部类的对象。不可直接访问内部类的变量。

5.4.2　方法中定义内部类

例 5-7 是一个在方法中定义内部类的例题。

【例 5-7】

```java
package chapter5;
public class MethodOuterTest {
    int out_x = 100;
    public void test() {
        class InnerOne {
            String x = "x";
            void display() {
                System.out.println("InnerOne--display:" + out_x);
            }
        }
        InnerOne innerOne = new InnerOne();
        innerOne.display();
    }
    public void show() {
        //public String str1="public String";        //不可定义，只允许 final 修饰
        //static String str2="static String";         //不可定义，只允许 final 修饰
        String str3 = "Hello";
        final String STR = "Hello world!";
        class InnerTwo {
            public void printInfo() {
                System.out.println("InnerTwo--printInfo:" + out_x);
                // 可直接访问外部类的变量
                // System.out.println(str3);
                // 不可访问本方法内部的非 final 变量
                System.out.println("InnerTwo--printInfo:" + STR);
                // 只可访问本方法的 final 型变量成员
            }
        }
        InnerTwo innerTwo = new InnerTwo();
        innerTwo.printInfo();
```

```
    }
    public static void main(String[] args) {
        MethodOuterTest mot = new MethodOuterTest();
        mot.test();
        mot.show();
    }
}
```

上述程序的输出结果如图 5-7 所示。

图 5-7　方法中定义内部类

定义在方法中的内部类的可见性更小，它只在方法内部可见，在外部类及外部类的其他方法中都不可见。同时，它有一个特点，就是方法中的内部类连本方法的成员变量都不可访问，它只能访问本方法的 final 型成员。另一个需要引起注意的是，在方法内部定义成员时，只允许使用 final 修饰词或不加修饰词。

5.4.3　匿名内部类

匿名内部类通常用在 Java 的事件处理上。在后续的窗体程序中，匿名内部类将很适用。

下面的例 5-8 中写了一个匿名内部类。它的作用是，在窗体程序运行后，单击窗体右上角的×按钮将关闭窗体。

【例 5-8】

```
package chapter5;
import java.awt.*;
import java.awt.event.*;
import java.util.EventListener;
public class CloseFrameTest extends Frame {
    CloseFrameTest() {
        this.setSize(200, 200);
        this.setVisible(true);
        this.addWindowListener(new WindowAdapter() {
            public void windowClosing(WindowEvent e) {
                System.exit(0);
            }
        });
    }
    public static void main(String args[]) {
        CloseFrameTest cft = new CloseFrameTest();
    }
}
```

5.5 JavaBean 组件技术

5.5.1 JavaBean 组件的基本概念

JavaBean 组件是可复用的且平台独立的软件组件，开发者可以在软件构造器工具中对它直接进行可视化操作。

JavaBean 组件可以是简单的 CUI 元素，如按钮或滚动条；也可以是复杂的可视化软件组件，如数据库视图。有些 JavaBean 组件是没有 GUI 表现形式的，但这些 JavaBean 组件仍然可以使用应用程序构造器可视化地进行组合。

并不要求每个 JavaBean 组件都要去实现接口或继承某个特定的类。但可视化的 JavaBean 组件必须继承的类是 java.awt.Component，这样它们才能添加到可视化容器中去。非可视化 JavaBean 组件则不需要继承这个类。有许多 JavaBean 组件，无论是在应用程序构造器工具中，还是在最后创建好的应用程序中，都具有很强的可视化特征，但这并非每个 JavaBean 组件必须的特征。

在使用 Java 编程时，并不是所有软件模块都需要转换成 JavaBean 组件。JavaBean 组件比较适合于那些具有可视化操作和定制特性的软件组件。

JavaBean 组件有 3 个接口面，可以独立进行开发。

- JavaBean 组件可以调用的方法。
- JavaBean 组件提供的可读写的属性。
- JavaBean 组件向外部发送的或从外部接收的事件。

5.5.2 JavaBean 组件的开发环境

普通 JavaBean 组件是分布在各种环境中，所以它们应该能够适应各种环境。虽然我们无法事先预知 JavaBean 组件要运行的确切环境，但以下两点是可以确定的：

- JavaBean 组件必须能够在一个应用程序构造器工具中运行。
- JavaBean 组件必须可以在产生的应用程序的运行环境中使用。

1. 设计环境

JavaBean 组件必须可以在设计环境中运行。在设计环境中，JavaBean 组件应该提供设计信息给应用程序构造器工具并允许终端用户制定 JavaBean 组件的外观和行为。在传统的软件构造活动中，必须通过编译、链接之后才能看到应用程序的最终运行结果，而利用 JavaBean 组件设计的软件则没有这种明确的界限。使用 JavaBean 组件可以非常直观地设计应用程序软件，在设计过程中赋予软件生机。而且，这个过程更加容易重复开发，设计思想更加容易变成原型。

2. 运行环境

JavaBean 组件必须可以在运行环境中使用。在这个环境中，设计信息和定制的需求并不重要。一个组件的设计环境信息和在设计环境中编写的代码通常是非常巨大的。因此，我们可能需要在 JavaBean 组件的设计环境方面和运行环境方面作一个明确的区分，这样，就可能需要在运行环境中不使用 JavaBean 组件的任何设计环境代码来配置这个 JavaBean 组件。所以，

JavaBean 组件就必须分别支持运行环境接口的类库和设计环境接口的类库。

5.5.3　JavaBean 组件的任务

JavaBean 组件的任务就是"一次编写，到处运行"。

1. 高效性

一个开发良好的软件组件应该是一次性地编写，而不需要再重新编写代码以增强或完善其功能。因此，JavaBean 组件应该提供一个实际的方法来增强现有代码的利用率，而不再需要在原有代码上重新进行编程。除了在节约开发资源方面的意义外，一次性地编写 JavaBean 组件也可以在版本控制方面起到非常好的作用。开发者可以不断地对组件进行改进，而不必从头开始编写代码。这样就可以在原有基础上不断提高组件功能，而不会犯重复的错误。

2. 跨平台

JavaBean 组件在任意地方运行是指组件可以在任何环境和平台上使用，这可以满足各种交互式平台的需求。由于 JavaBean 组件是基于 Java 的，所以它可以很容易地得到交互式平台的支持。JavaBean 组件在任意地方执行不仅是指组件可以在不同的操作平台上运行，还包括在分布式网络环境中运行。

3. 重用性

JavaBean 组件在任意地方的重用，指的是它能够在包括应用程序、其他组件、文档、Web 站点和应用程序构造器工具的多种方案中被再利用。这也许是 JavaBean 组件最为重要的任务了，因为它正是 JavaBean 组件区别于普通 Java 程序的特点之一。普通 Java 程序的任务就是 JavaBean 组件所具有的前两个任务（高效性和跨平台），而这第 3 个任务（重用性）是 JavaBean 组件独有的。

5.5.4　JavaBean 组件的设计目标及其实现方式

现在我们来看一下实现 JavaBean 组件的一些具体的设计目标及其实现方式。

1. 紧凑而方便地创建和使用

JavaBean 组件紧凑性的需求是基于 JavaBean 组件常常用于分布式计算环境中，这使得 JavaBean 组件常常需要在有限的带宽连接环境下进行传输。显然，为了适应传送的效率和速度，JavaBean 组件必须是越紧凑越好。另外，为了更好地创建和使用组件，就应该使其越简单越好。通常为了提高组件的简易性和紧凑性，设计过程需要投入相对较大的精力。

现在已有的组件软件技术通常是使用复杂的 API，这常常搞得开发者在创建组件时晕头转向。因此，JavaBean 组件必须不仅容易使用，而且必须便于开发。这对于组件开发者而言是至关重要的，因为这可以使得开发者不必花大量的精力在使用 API 进行程序的设计上，从而更好地对组件进行润饰，提高组件的可观赏性。

JavaBean 组件大部分是基于已有的传统 Java 编程的类结构上的，这对于那些已经可以熟练地使用 Java 语言的开发者非常有利。而且这可以使得 JavaBean 组件更加紧凑，因为 Java 语言在编程上吸收了其他编程语言的优点，使开发出来的程序变得相当有效率。

2. 完全的可移植性

JavaBean API 与操作基础独立于平台的 Java 系统相结合，提供了独立于平台的组件解决方案。因此，组件开发者就可以不必再为带有 Java Applet 平台特有的类库而担心了。最终的结果是计算机界共享的可重复使用的组件，无需修改便可在任何支持 Java 的系统中执行。

3. 继承 Java 的强大功能

现有的 Java 结构已经提供了多种易于应用于组件的功能。其中一个比较重要的是 Java 本身的内置类发现功能。它可以使得对象在运行时彼此动态地交互作用，这样对象就可以从开发系统或其开发历史中独立出来。

对于 JavaBean 组件具备而言，由于它是基于 Java 语言的，所以它就自然地继承了这个对于组件技术而言非常重要的功能，而不再需要任何额外开销来支持它。

由于 JavaBean 组件具有继承性，它还利用了在现有 Java 功能中的另一个重要的特点，就是持久性，它保存对象并获得对象的内部状态。通过 Java 提供的序列化机制，持久性可以由 JavaBean 组件自动进行处理。当然，在需要的时候，开发者也可以自己建立定制的持久性方案。

4. 应用程序构造器支持

JavaBean 组件的另一个设计目标是设计环境的问题和开发者如何使用 JavaBean 组件创建应用程序。JavaBean 组件体系结构支持指定设计环境属性和编辑机制，以便于 JavaBean 组件的可视化编辑。这样开发者可以使用可视化应用程序构造器无缝地组装和修改 JavaBean 组件。就像 Windows 平台上的可视化开发工具 VBX 或 OCX 控件处理组件一样。通过这种方法，组件开发者可以指定在开发环境中使用和操作组件的方法。

5. 分布式计算支持

支持分布式计算虽然不是 JavaBean 组件体系结构中的核心元素，但也是 JavaBean 组件中的一个主要问题。

JavaBean 组件使得开发者可以在任何时候使用分布式计算机制，但不使用分布式计算的核心支持来给自己增加额外负担。这正是出于 JavaBean 组件的紧凑性考虑的，分布式计算无疑需要大量的额外开销。

例 5-9 是一个简单的 JavaBean 组件程序。

【例 5-9】

```java
package chapter5;
public class JavaBeanTest {
    private int id;
    private String username;
    private String password;
    public void setId(int id) {
        this.id = id;
    }
    public int getId() {
        return this.id;
    }
    public void setUsername(String username) {
        this.username = username;
    }
    public String getUsername() {
        return this.username;
    }
    public void setPassword(String password) {
```

```
        this.password = password;
    }
    public String getPassword() {
        return this.password;
    }
}
```

如果程序中需要用到这个 JavaBean 组件，那么只需要用 import 语句导入它即可。

5.6　贯穿项目（5）

项目引导：本章是深入学习了 Java 类。本次任务很简单，根据所学的知识完善之前的贯穿项目。把贯穿项目（3）中的 Name 设置为外部类，内部为私有变量，具体如下：

```
package ChatClient;
public class Name {
    private   String userName="百读不厌";        //默认用户名
    public String getUserName() {
        return userName;
    }
    public void setUserName(String userName) {
        this.userName = userName;
    }
    public void ReMessage(){
        System.out.println("您的名称为："+userName);
    }
}
//在主类中的应用
package ChatClient;
import java.util.Scanner;
public class ChatClient {
    public static void main(String[] args) {
        Name n= new Name();
        System.out.println("是否使用默认用户名（yes or no）：");
        String str=null;
        Scanner sc = new Scanner(System.in);
        str=sc.nextLine();
        if(str.equals("yes"))
            n.ReMessage();
        else if(str.equals("no")){
            System.out.println("请输入您的名称：");
            str=sc.nextLine();
            n.setUserName(str);
            n.ReMessage();
        }else{
            System.out.println("输入错误！");
        }
```

```
    }
}
```

上述程序的输出图请见贯穿任务（3）中的图 3-13。

5.7　本章小结

　　本章深入理解了 Java 类的知识。首先介绍了类的访问限制；其次介绍了方法重载和 static 关键字；然后介绍了外部类和匿名内部类；最后介绍了一下 JavaBean 组件。通过本章学习，能够使读者掌握类，知道嵌套类与内部类的使用，掌握方法重载和 static 关键字的使用。

第 6 章　对象关系研究

 学习目标

本章学习下列知识:
- Java 类的继承关系。
- Java 类的关联关系。
- Java 类的聚合关系。
- 继承下的方法重写。
- Java 多态实现。
- Object 类。

使读者具备下列能力:
- 理解对象间的关系,掌握基础的对象关系处理技术。
- 继承并扩展原有的类,定义自己的功能强大的类。
- 掌握所有 Java 类的祖宗类——Object 类。
- 深入理解面向对象思想,更好地实现面向对象程序设计。

6.1　继承关系

6.1.1　继承的基础知识

继承是面向对象编程的又一个重要的特点,它允许创建多层次的分类。利用继承,可以先创建一个共有属性的通用类,然后根据该通用类来创建具有特殊属性的新类。在 Java 中,被继承的类称为父类(超类),由继承而得到的新类称为子类。父类可以是 Java 类库中的类,也可以是自己写的类。一个子类是一个父类的特定版本,它继承了父类定义的所有实例变量和方法,同时添加了自己特有的元素。Java 不支持多重继承,也就是说,子类只能有一个父类。

如果一个子类要继承父类,那么可以使用关键字 extends 来实现,它的基本格式如下:
```
class 子类名  extends 父类{
    //body
}
```
例如我们可以把汽车看成一个父类,宝马车看成子类。子类继承了父类的通用属性,如都有引擎、轮子、方向盘等,然后又开创了自己特有的属性,如漂亮的外观、高雅的内饰、强劲的动力等。我们可以用程序来表达这样的关系,如下所示。
```
class Car{
    void engine(){
    }
```

```
    void wheel(){
    }
    ...
}
class BMW extends Car{
    void beautiful(){
    }
    void driving(){
    }
    ...
}
```

如果一个类的声明中没有使用关键字 extends，那么这个类被系统默认为是继承了 Object 父类。Object 类是 java.lang 包中的类，在本章的最后将详细介绍 Object 类。

6.1.2 子类的继承性

子类可以从父类继承一部分成员，也可以自己再声明一部分成员。子类将继承父类的成员变量作为自己的一个成员变量，就好像它们是在子类中直接声明的一样，可以被子类中自己声明的任何实例方法操作。一个子类也可以成为另一个子类的父类，就像老爸－儿子－孙子的关系一样。

子类继承父类，需要注意下面两种情况。

（1）子类和父类在同一个包中时，虽然子类可以包括其父类的所有成员，但它不能访问声明为 private 的父类成员（私有成员）。

（2）子类和父类不在同一个包中时，那么子类只能继承父类声明为 protected 和 public 的成员，不能继承私有成员和友好成员。

下面来看一个例题。

【例 6-1】

```
public class FirstInheritTest{
    public static void main(String args[]){
        Grandson gs=new Grandson();
    }
}
class Dad{
    private int money=100000;        //私有的
    int moneyRMB=100000;
    int moneyHK=50000;
    String dmoney;
    Dad(){
        System.out.println("我是老爸。");
        System.out.println("这是我私有的，不能给你们："+money);
        System.out.println("这些你拿去："+sum()+"\n");
    }
    public String sum(){
        dmoney="人民币："+moneyRMB+"，港币："+moneyHK;
```

```
            return dmoney;
        }
    }
class Sun extends Dad{
        int moneyDollar=50000;
        int i,j;
        String smoney;
        Sun(){
            System.out.println("我是儿子，自己有美元："+moneyDollar);
            System.out.println("这是我继承的："+add()+"\n");
        }
        public String add(){
            i=moneyRMB;
            j=moneyHK;
            smoney="人民币："+i+",港币："+j;
            return smoney;
        }
    }
class Grandson extends Sun{
        int k;
        String gsmoney;
        Grandson(){
            System.out.println("我是孙子，啥都没有！");
            System.out.println("这是我继承的："+subs());
        }
        public String subs(){
            k=moneyDollar;
            gsmoney="美元："+k+","+smoney;
            return gsmoney;
        }
    }
}
```

上述程序的输出结果如图 6-1 所示。

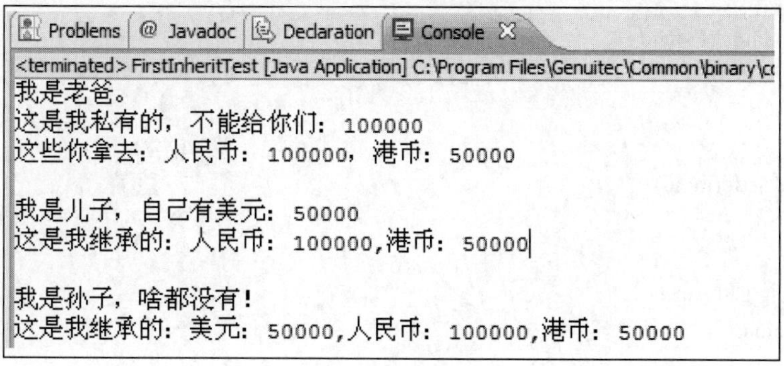

图 6-1　继承的演示

6.2　关联关系

对象和对象之间除了继承关系之外，还存在着关联关系，包括一对一、一对多、多对一和多对多等关系。关联关系表示不同类的对象之间的结构关系，它在一段时间内将多个类的实例连接在一起。我们可以使用关联关系表示对象之间的沟通。有时，对象必须相互引用才能实现交互，例如互相发送消息。

关联关系代表了业务对象模型中业务角色实例和业务实体实例之间的结构关系。在业务对象模型中，从 A 类到 B 类的关联关系表示 A 或 A 的对象对 B 或 B 的对象进行引用。关联关系具有名称和多重性。多重性定义了被连接的类中有多少个对象可以连接。

假定我们要完成一个图书馆管理系统，该系统中需要管理很多书。我们需要记录书的基本信息，如编号、书名、出版日期等，还需要记录书的前言、序等。

根据上面的需求，将书设计成一个类（Book），它包括了书的编号和名称两个属性。同时将书的前言信息设计成另外一个类（BookExtend），它包括了书的编号和前言信息两个属性。由于一本书有前言，而且不可能有其他的书的前言部分会与它一样，所以类 Book 和 BookExtend 之间很自然地形成了一对一的关系。这两个类的属性以及类之间的关系如图 6-2 所示。

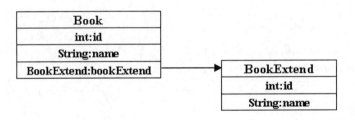

图 6-2　一对一关联

用程序来表示，如下所示。

```java
package chapter6;
public class Book {
    int id ;
    String name ;
    BookExtend bookExtend ;
    public int getId() {
        return id;
    }
    public void setId(int id) {
        this.id = id;
    }
    public String getName() {
        return name;
    }
    public void setName(String name) {
        this.name = name;
```

```
    }
    public BookExtend getBookExtend() {
        return bookExtend;
    }
    public void setBookExtend(BookExtend bookExtend) {
        this.bookExtend = bookExtend;
    }
}
class BookExtend{
    int id ;
    String name ;
    public int getId() {
        return id;
    }
    public void setId(int id) {
        this.id = id;
    }
    public String getName() {
        return name;
    }
    public void setName(String name) {
        this.name = name;
    }
}
```

6.3　聚合关系

　　聚合关系是关联关系的一种，是强的关联关系。聚合关系是整体和个体的关系。关联关系的两个类处于同一层次上，而聚合关系两个类处于不同的层次，一个是整体，一个是部分。

　　聚合关系用于对模型元素之间的组装关系进行建模。有许多聚合关系的示例：汽车由许多零部件组成，计算机由许多设备组成，图书馆包括大量的书籍，公司部门由雇员组成。如果对此进行建模，那么聚合关系体（汽车）与其组成部分（零部件）之间就存在聚合关系的关联关系。

　　我们来举一个很形象的例子。比如订单，一个订单 Orders 中由客户名称、地址、订购的产品品种和数量组成。客户名称和地址我们可以抽象为 Customer 来代表，产品我们使用 Product 来代表。由于一个订单中可能订购了多个产品，很显然，一个订单对象中应该有多个 Product 对象，而且每个 Product 的数量不一样。我们将 Product 和其数量再抽象包装成订单条目 OrderLine 对象。这样，订单中包含多个订单条目，而且订单条目只依赖某个订单，是其组成部分，是一种强聚合关系，不是普通的聚合或关联关系。而 Customer 和 Order 之间是一种聚合关系，如果订单没有客户信息，就不能成为订单了。用图表来表示，如图 6-3 所示。

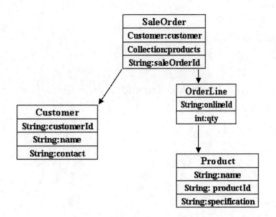

图 6-3   聚合关系示例图

6.4   继承下的重写

6.4.1   方法重写

子类可以通过方法重写来隐藏继承的父类的方法。方法重写是指，子类中定义了一个方法，并且这个方法的名字、返回类型、参数类型及参数的个数与从父类继承的方法完全相同。通过方法重写，子类可以把父类的状态和行为变成自己的状态和行为。只要父类的方法能够被子类继承，子类就能重写这个方法。一旦子类重写了这个方法，就表示隐藏了所继承的这个方法。如果子类对象调用这个方法，那也是调用重写后的方法。

我们来看一个简单的方法重写的例题。

【例 6-2】

```java
package chapter6;
class A{
    void smile(){
        System.out.println("我考试得了第一，我很高兴！");
    }
    void cry(){
        System.out.println("看完这部电影，我感动得哭了。");
    }
}
class B extends A{
    B(){
        smile();
        cry();
    }
    void smile(){
        System.out.println("我找到了一份好工作，我太高兴了！");
    }
}
```

```
public class RewriteTest{
    public static void main(String args[]){
        B b=new B();
    }
}
```

上述程序的输出结果如图 6-4 所示。

图 6-4　方法重写演示

在上述这个程序中，类 B 继承类 A 后，重写了父类的 smile()方法。从输出结果我们可以看到父类（类 A)的 smile()方法中的语句并没有被打印出来。

重写方法既可以操作继承的成员变量，也可以操作子类声明定义的成员变量。如果子类想使用被隐藏的方法，必须使用关键字 super，这就引出了我们下一个课题：super 关键字。

6.4.2　super 关键字

子类使用 super 关键字可以调用父类的构造方法，也可以调用被子类隐藏的成员变量和方法。

1. 使用 super 调用父类的构造方法

子类不继承父类的构造方法。如果子类想调用父类的构造方法，可以使用 super 关键字来实现。但是 super 语句必须是子类构造方法中的第一条语句。

子类在创建对象时，子类的构造方法总是调用父类的某个构造方法。如果父类有多个构造方法，那么子类默认调用的是那个不带参数的构造方法。如果父类只有一个带参数的构造方法，那么子类必须在自己的构造方法中用 super 语句来调用父类的带参数的构造方法，否则程序会报错。

如果子类的构造方法中没有写 super 语句，那么系统将默认有 "super();" 存在，即调用父类的不带参数的构造方法。

下面来看一个使用 super 语句调用父类构造方法的例子。

【例 6-3】

```
package chapter6;
class Aa{
    Aa(){
        System.out.println("我是不带参数的构造方法");
    }
    Aa(int i){
        System.out.println("我带了一个 int 型参数，i="+i);
    }
}
class Bb extends Aa{
    Bb(){
        super(10);     //调用父类带参数的构造方法
```

```
        System.out.println("我是类 B，我继承了类 A\n");
    }
}
class C extends Aa{
    C(){      //调用父类不带参数的构造方法
        System.out.println("我是类 C，我继承了类 A");
    }
}
public class FirstSuperTest{
    public static void main(String args[]){
        B b=new B();
        C c=new C();
    }
}
```

上述程序的输出结果如图 6-5 所示。

图 6-5　使用 super 调用父类的构造方法

2. 使用 super 操作被隐藏的成员变量和方法

我们已经了解到，如果子类隐藏了父类的某个成员变量或者方法，如果不采取某种措施的话，那么子类创建的对象也将无法访问到被隐藏的成员变量或方法。使用 super 关键字就能解决这个问题。

通过下面的示例，可以了解如何使用 super 操作被隐藏的成员变量和方法。

【例 6-4】

```
class A4{
    int a=10;
    A4(){
        System.out.println("我是类 A，我被类 B 继承了");
    }
    void smile(){
        System.out.println("我是类 A 的 smile()方法");
    }
}
class B4 extends A4{
    int a;
    int b;
    B4(){
        a=20;
        System.out.println("我是类 B 的 a 变量，"+a);
        b=super.a;
```

```
      System.out.println("我是类 A 的 a 变量，"+b);
    }
    void smile(){
      super.smile();
      System.out.println("我是类 B 的 smile()方法");
    }
  }
  class SecondSuperTest{
    public static void main(String args[]){
      B4 b=new B4();
      b.smile();
    }
  }
```

上述程序的输出结果如图 6-6 所示：

图 6-6　使用 super 操作被隐藏的成员变量和方法

6.5　多态性

多态性是指允许不同类的对象对同一消息做出响应。多态性包括参数化多态性和包含多态性。多态性语言具有灵活、抽象、行为共享、代码共享的优势，很好地解决了应用程序方法同名的问题。

与继承有关的多态性是指父类的某个方法被其子类重写时，可以各自产生自己的功能行为，指同一个操作被不同类型对象调用时产生不同的行为。我们也可以这样来概括多态性：当我们将子类对象的引用传给声明为父类的一个对象变量,如果子类有这个方法就调用子类的方法,如果子类没有这个方法就调用父类的这个方法。

为了能更好的了解多态性，我们来看下面的例题。

【例 6-5】

```
class Animal{
  Animal(){
    System.out.println("狗、猫都叫动物~~");
  }
  void eat(){
    System.out.println("动物都要吃东西的！");
  }
  void run(){
    System.out.println("动物都会跑来跑去的！");
  }
```

```
    }
class Dog extends Animal{
    void eat(){
        System.out.println("狗吃骨头！");
    }
}
public class Test{
    public static void main(String args[]){
        Dog dog1=new Dog();
        dog1.eat();
        Dog dog2=new Dog();
        Animal animal;
        animal=dog2;        //多态性
        animal.eat();        //如果 Dog 类有这个方法就调用 Dog 类的方法
        animal.run();        //如果 Dog 类没有这个方法就调用 Animal 类的方法
    }
}
```

上述程序的输出结果如图 6-7 所示：

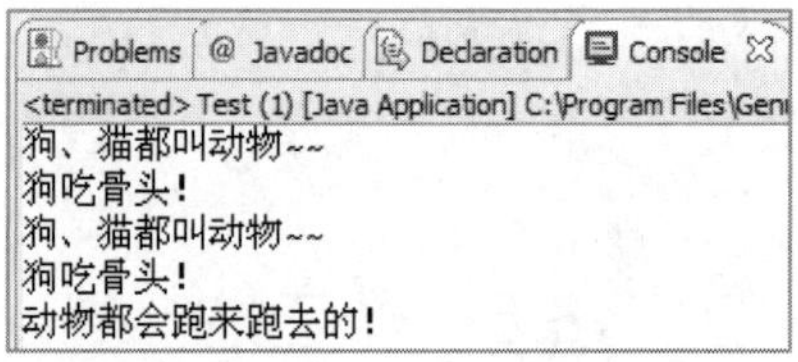

图 6-7   多态性的演示

6.6   final 方法

前面章节中我们讲到，以 final 修饰的成员变量，对象虽然可以操作使用它，但是不能对它进行更改操作。其实，以 final 来修饰的类和方法，也有特殊的用途。

以 final 修饰的类是不能被继承的，换句话说，即 final 类不能有子类。比如下面的程序是无法通过编译的。

```
final class A{
    …
}
class B extends A{ //非法
    …
}
```

这样来规定 final 类主要是出于安全性的考虑。例如，我们可以将一些重要的类用 final 来修饰。

如果一个方法被修饰为 final 方法，那么这个方法就不能被子类重写，同时，final 方法的行为是不允许子类更改的。例如下面的 test 方法就不能被子类重写。

```
class A{
    int a ;
```

```
final void test(){
        a=10;
    }
}
```

6.7　Object 类

Object 类是所有类的超类，也就是说，Java 中的每一个类都是由 Object 类扩展而来的。因而每当你创建一个对象，它都将拥有 Object 类中的全部方法。

下面来了解 Object 类的方法以及方法的用途，如表 6-1 所列。

表 6-1　Object 类的方法及其用途

方法	用途
Object clone()	创建与该对象的类相同的新对象
boolean equals(Object)	比较两对象是否相等
void finalize()	当垃圾回收器确定不存在对该对象的更多引用时，对象的垃圾回收器调用该方法
class getClass()	返回一个对象的运行时间类
int hashCode()	返回该对象的散列码值
void notify()	激活等待在该对象的监视器上的一个线程
void notifyAll()	激活等待在该对象的监视器上的全部线程
String toString()	返回该对象的字符串表示
void wait()	等待这个对象另一个更改线程的通知
void wait(long)	等待这个对象另一个更改线程的通知
void wait(long, int)	等待这个对象另一个更改线程的通知

Object 类所提供的只是一些基本的方法，我们在编写自己的类时经常需要覆盖这些方法，一方面是加强功能，另一方面也是为了适应当前的情况。

Object 类中的 equals 方法用来判断两个对象是否相等。最常见的就是用它来比较两个字符串是否相等。标准的 Java 类库中有超过 150 个 equals 方法的实现。Java 语言规范要求 equals 方法具有以下性质：

- 自反性：对于任何非空引用 x，x.equals(x)返回 true。
- 对称性：对于任何非空引用 x 和 y，当且仅当 y.equals(x)返回 true 时，x.equals(y)返回 true。
- 传递性：对于任何引用 x、y 和 z，如果 x.equals(y)返回 true 并且 y.equals(z)也返回 true，那么 x.equals(z)返回 true。
- 一致性：如果 x 和 y 引用的对象没有改变，那么 x.equals(y)的重复调用应该返回同一个结果。
- 对于任何非空引用 x，x.equals(null)应该返回 false。

以下是一个用 equals 方法验证用户名和密码是否正确的例子。

【例 6-6】

```java
public class EqualTest{
    private String username="system";
    private String password="manager";
    EqualTest(String name,String pwd){
        if(name.equals(null)||pwd.equals(null)){
            System.out.println("用户名或密码为空！");
        }else{
            if(username.equals(name)&&password.equals(pwd)){
                System.out.println("登录成功！");
            }
            else{
                System.out.println("登录失败！");
            }
        }
    }
    public static void main(String args[]){
        EqualTest et=new EqualTest("system","manager");
    }
}
```

上述程序的输出结果如图 6-8 所示。

图 6-8　equals 方法演示

6.8　贯穿项目（6）

项目引导：本章对面向对象知识进行了进一步的学习。本次贯穿任务是通过继承 JDialog 类实现帮助信息的窗体化，以及通过继承设置程序图标。

1. 实现窗体化

（1）ChatClient 中的帮助信息窗口化。

```java
package ChatClient;

import java.awt.*;
import javax.swing.*;
import java.awt.event.*;
/**
 * 生成设置对话框的类
 */
public class Help extends JDialog {      //JDialog 是一个临时的窗口
    //Help 类继承 JDialog 类，使帮助信息生成一个临时对话框，通过单击"帮助"按钮弹出
    JPanel titlePanel = new JPanel();
```

```java
JPanel contentPanel = new JPanel();
JPanel closePanel = new JPanel();

JButton close = new JButton();
JLabel title = new JLabel("聊天室客户端帮助");

JTextArea help = new JTextArea();        //TextArea 是一个显示纯文本的多行区域
Color bg = new Color(255,255,255);
public Help (JFrame frame) {
    super(frame, true);
    jbInit();
    //设置运行位置，使对话框居中
    Dimension screenSize = Toolkit.getDefaultToolkit().getScreenSize();     //获取当前分辨率
    this.setLocation( (int) (screenSize.width - 400) / 2 + 25, (int) (screenSize.height - 320) / 2);
    this.setResizable(false);
}
private void jbInit(){
    this.setSize(new Dimension(350, 270));
    this.setTitle("帮助");

    titlePanel.setBackground(bg);     //背景颜色
    contentPanel.setBackground(bg);
    closePanel.setBackground(bg);
    help.setText("1. 设置所要连接服务端的 IP 地址和端口"+
        "（默认设置为\n          127.0.0.1:8888）。\n"+
        "2. 输入你的用户名（默认设置为:百读不厌）。\n"+
        "3. 单击"登录"按钮便可以连接到指定的服务器；\n"+
        "  单击"注销"按钮可以和服务器端开连接。\n"+
        "4. 选择需要接受消息的用户，在消息栏中写入消息，\n"+
        "  同时可以选择表情，之后便可发送消息。\n");
    help.setEditable(false);

    titlePanel.add(new Label("                    "));
    titlePanel.add(title);
    titlePanel.add(new Label("                    "));
    contentPanel.add(help);
    closePanel.add(new Label("                    "));
    closePanel.add(close);
    closePanel.add(new Label("                    "));

    //Container 是一个可以放组件的容器
    Container contentPane = getContentPane();
    contentPane.setLayout(new BorderLayout());      //布置容器的边框布局
    //NORTH（北）、SOUTH（南）、EAST（东）、WEST（西）、CENTER（中）
    contentPane.add(titlePanel, BorderLayout.NORTH);
    contentPane.add(contentPanel, BorderLayout.CENTER);
```

```
        contentPane.add(closePanel, BorderLayout.SOUTH);
        close.setText("关闭");
        //事件处理
        close.addActionListener(
            new ActionListener() {
            /**ActionListener 用于接收操作事件的侦听器接口。对处理
             * 操作事件感兴趣的类可以实现此接口，而使用该类创建的
             * 对象可使用组件的 addActionListener 方法向该组件注册
             */
                public void actionPerformed(ActionEvent e) {
                    dispose();      //销毁程序中指定的图形界面资源
                }
            }
        );
    }
    public static void main(String[] args) {
        Help helpDialog = new Help(null);
        helpDialog.setVisible(true);        //显示窗体
    }
}
```

上述程序运行后的显示结果如图 6-9 所示。

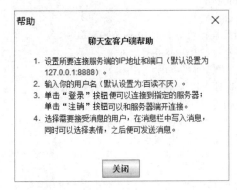

图 6-9　ChatClient 中的帮助信息窗口化

（2）ChatServer 中的帮助信息窗口化。

```
package ChatServer;

import java.awt.*;
import javax.swing.*;
import java.awt.event.*;
/**
 * 生成设置对话框的类
 */
public class Help extends JDialog {
    JPanel titlePanel = new JPanel();
    JPanel contentPanel = new JPanel();
```

```java
JPanel closePanel = new JPanel();

JButton close = new JButton();
JLabel title = new JLabel("聊天室服务端帮助");
JTextArea help = new JTextArea();
Color bg = new Color(255,255,255);
public Help(JFrame frame) {
    super(frame, true);
        jbInit();
    //设置运行位置，使对话框居中
    Dimension screenSize = Toolkit.getDefaultToolkit().getScreenSize();
    this.setLocation( (int) (screenSize.width - 400) / 2,
            (int) (screenSize.height - 320) / 2);
    this.setResizable(false);
}
private void jbInit(){
    this.setSize(new Dimension(400, 200));
    this.setTitle("帮助");

    titlePanel.setBackground(bg);;
    contentPanel.setBackground(bg);
    closePanel.setBackground(bg);
    help.setText("1. 设置服务端的侦听端口（默认端口为 8888）。\n"+
        "2. 单击"启动服务"按钮便可在指定的端口启动服务。\n"+
        "3. 选择需要接受消息的用户，在消息栏中写入消息，之后便可发送消息。\n"+
        "4. 信息状态栏中显示服务器当前的启动与停止状态、"+
        "用户发送的消息和\n        服务器端发送的系统消息。");
    help.setEditable(false);

    titlePanel.add(new Label("            "));
    titlePanel.add(title);
    titlePanel.add(new Label("            "));
    contentPanel.add(help);
    closePanel.add(new Label("            "));
    closePanel.add(close);
    closePanel.add(new Label("            "));

    Container contentPane = getContentPane();
    contentPane.setLayout(new BorderLayout());
    contentPane.add(titlePanel, BorderLayout.NORTH);
    contentPane.add(contentPanel, BorderLayout.CENTER);
    contentPane.add(closePanel, BorderLayout.SOUTH);
    close.setText("关闭");
    //事件处理
    close.addActionListener(
        new ActionListener() {
```

```
        public void actionPerformed(ActionEvent e) {
           dispose();
        }
      }
    );
  }
  public static void main(String[] args) {
    Help helpDialog = new Help(null);
    helpDialog.setVisible(true);    //显示窗体
  }
}
```

上述程序运行后的显示结果如图 6-10 所示。

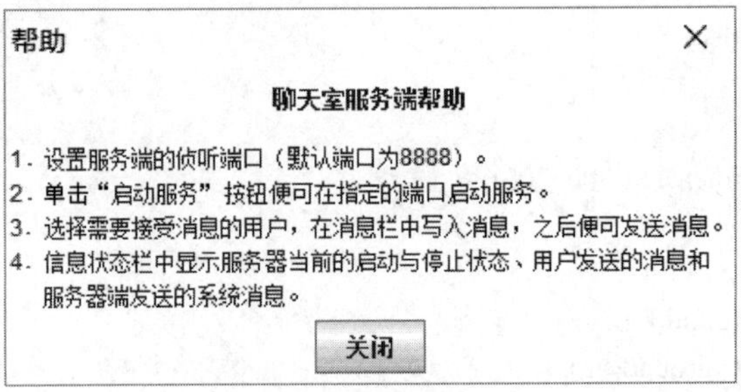

图 6-10　ChatServer 中的帮助信息窗口化

2．设置程序图标

```
package ChatClient;

import java.awt.*;          //JFrame 要用到的类
import javax.swing.*;       //包含 JFrame
import java.net.*;
/*
 * 聊天客户端的主框架类
 */
public class ChatClient extends JFrame{
// JFrame 定义 ActionListener 用于接收操作事件的侦听器接口
  Image icon;                //程序图标
public ChatClient(){
  icon = getImage("icon.gif");
  this.setIconImage(icon);   //设置程序图标
  this.setVisible(true);
}
  /**
   * 通过给定的文件名获得图像
   */
  Image getImage(String filename) {
    URLClassLoader urlLoader = (URLClassLoader)this.getClass().
      getClassLoader();
```

```
/**getClassLoader 用于从指向 JAR 文件和目录的 URL 中搜索路径加载类和资源
*通过 URLClassLoader 就可以加载指定 jar 中的 class 到内存中
*/

//获得默认的底层控件的基本功能
    URL url = null;
    Image image = null;

// FindResource 是一个计算机函数。该函数确定指定模块中指定类型和名称的资源所在位置
    url = urlLoader.findResource(filename);
    //获得默认的底层控件的基本功能
//Toolkit 类是一个抽象类，它是一个 AWT 工具箱，提供对本地 GUI 最低层次的 JAVA 访问，例如从系
统获得图形信息的方法、获取可显示的字体集和屏幕分辨率等
    image = Toolkit.getDefaultToolkit().getImage(url);
//MediaTracker 类是一个跟踪多种媒体对象状态的实用工具类
    MediaTracker mediatracker = new MediaTracker(this);
        mediatracker.addImage(image, 0);
    return image;
}
    public static void main(String[] args) {
    ChatClient app = new ChatClient();
}
}
```

上述程序运行后的显示结果如图 6-11 所示。

程序图标→

图 6-11　设置程序图标

6.9　本章小结

本章是对面向对象概念的深入理解。首先介绍了对象的三种关系；然后介绍了方法的重写；最后介绍了多态、final 方法和 Object 类。通过本章学习，能够使读者掌握对象的继承、关联和聚合关系，能够重写继承下的方法，并对 Object 类有一个基本的理解。

第7章 抽象类与接口

 学习目标

本章学习下列知识:
● Java 的抽象类。
● Java 的接口。
使读者具备下列能力:
● 理解接口的定义与作用,掌握下列技术: ①对类进行强制功能扩展,让我们的类有规矩的发展; ②让甲方(类的调用方)和乙方(类的实现方)和谐工作,为双方定义接口规范; ③控制甲方(类的调用方)的权限,不是乙方所有的功能都可以被调用的。
● 理解抽象类的定义和作用,掌握下列技术: ①类里能实现的功能尽量实现,不能实现的我们先给定义成抽象类; ②让我们在类的设计与实现过程中,更好地关注设计,必要地关注实现。

7.1 抽象类

7.1.1 抽象类介绍

在 Java 中用 abstract 关键字来修饰一个类时,这个类叫作抽象类。下述语句就可以定义一个简单的抽象类。

```
abstract class AbstractApp{
    ...
}
```

抽象类不能直接用运算符 new 创建对象,必须产生其子类后才能由子类创建对象。由于抽象类不能被实例化,因此下面的语句会产生编译错误。

```
new abstract Class();    //抽象类不能被实例化
```

抽象类的实体中可以有 abstract 方法。abstract 方法只允许声明,而不允许实现,其格式如下:

```
abstract returnType abstractMethod([paramlist]);
```

抽象类中不一定要包含 abstract 方法。但是,一旦某个类中包含了 abstract 方法,则这个类必须声明为 abstract 类。如果一个非抽象类是一个抽象类的子类,那么它必须具体实现父类的 abstract 方法,即重写父类的 abstract 方法。

一个抽象类只关心它的子类是否具有某种功能,并不关心功能的具体行为。功能的具体行为由子类负责实现。举个例子:我们可以定义一个代表人类的 Human 抽象类,每个人普遍都会有以下行为或者属性,如:说话(speak)、国籍(country)、民族(nation)等。

下面是一个抽象类的实例。

【例 7-1】

```java
abstract class Human {
    public void speak(String s) {
        System.out.println(s);
    }
    abstract void country();
    abstract void nation();
}
//一个具体的实现类 Chinese
public class Chinese extends Human {
    void country() {
        this.speak("我是中国人!");
    }
    void nation() {
        this.speak("我是汉族人!");
    }
}
//一个测试类 Test
public class Test {
    public static void main(String args[]) {
        Chinese china = new Chinese();
        china.country();
        china.nation();
    }
}
```

依次编译上面的程序，程序运行结果如图 7-1 所示。

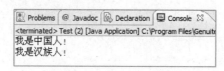

图 7-1　程序运行结果

由以上程序可以看出，抽象类中定义的方法并不完全是 abstract 类型的，并且可以有部分的实现。如果能够体会到以上的设计，那么在以后的程序设计中你会感觉到抽象类的使用有很大的方便之处。针对上面的例子，如果我们要设计一个用户的信息管理，只需要在 Human 的抽象类中添加想要添加的功能方法，而子类中只需要去实现就可以了。我们可以不断地添加新的子类，如 American、English 等。

7.1.2　抽象类的应用

继承层越高，类就更通用，并且更抽象。有些层中的基类非常通用，更适于作为其他类的框架，而不适于作为具体类来使用其特定实例。

为什么进行如此高层的抽象呢？答案是这会使类设计更清晰。在面向对象的概念中，我们知道所有的对象都是通过类来描绘的，但是反过来却不是这样。并不是所有的类都是用来描绘对象的，如果一个类中没有包含足够的信息来描绘一个具体的对象，这样的类就是抽象类。

抽象类往往用来表征我们在对问题领域进行分析、设计中得出的抽象概念，是对一系列看上去不同，但本质上相同的具体概念的抽象。

如果我们进行一个图形编辑软件的开发，就会发现问题领域存在着圆、三角形这样一些具体概念。它们是不同的，但是又都属于形状这样一个概念。形状这个概念在问题领域是不存在的，它就是一个抽象概念。正是因为抽象的概念在问题领域没有对应的具体概念，所以用以表征抽象概念的抽象类是不能够实例化的。如在下述例 7-2 中定义一个决定形状的抽象类 Shap，该类中定义了两个抽象方法：draw()和 erase()。在实际的应用中可以定义一些子类来实现该抽象类，比如三角形、矩形、圆等。

【例 7-2】

```
/**
 * 声明表示形状的抽象类 Shape
 */
abstract class Shape {
    abstract void draw();
    abstract void erase();
}


/**
 * 声明表示圆形的子类 Circle
 **/
class Circle extends Shape {
    void draw() {
        System.out.println("Circle.draw()");
    }
    void erase() {
        System.out.println("Circle.erase()");
    }
}
/**
 * 声明表示正方形的子类 Square
 **/
class Square extends Shape {
    void draw() {
        System.out.println("Square.draw()");
    }
    void erase() {
        System.out.println("Square.erase()");
    }
}
/**
 * 声明表示三角形的子类 Triangle
 **/
class Triangle extends Shape {
    void draw() {
        System.out.println("Triangle.draw()");
```

```
    }
    void erase() {
        System.out.println("Triangle.erase()");
    }
}
public class Shapes {
    public static Shape randShape() {
        switch ((int) (Math.random() * 3)) {
        default:
        case 0:
            return new Circle();
        case 1:
            return new Square();
        case 2:
            return new Triangle();
        }
    }
    public static void main(String[] args) {
        Shape[] s = new Shape[9];
        for (int i = 0; i < s.length; i++) {
            s[i] = randShape();
            s[i].draw();
            // s[i].erase();
        }
    }
}
```

上述程序的运行结果如图 7-2 所示。

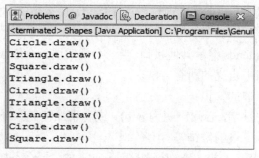

图 7-2　程序运行结果

7.2　接口

7.2.1　接口的声明与接口体

通常使用关键字 class 来声明类，而接口则通过使用关键字 interface 来声明。其格式如下：
access interface name

```
    {
        return-type method-name1(paramerter-list);
        return-type method-name2(paramerter-list);
        type final-varname1=value;
            type final-varname1=value;
            …
            return-type method-nameN(paramerter-list);
            type final-varnameN=value;
    }
```

这里 access 要么是 public，要么就不用修饰符。

接口体中定义了一系列的抽象方法和变量。接口中的方法没有方法体，虽然没有声明为 abstract 的，但它们本质上是抽象方法。在接口中指定的方法没有默认的实现，每个包含接口的类必须实现所有的方法。接口中可以声明变量，它们一般是 final 和 static 型的，它们必须以常量值来进行初始化。如果接口本身定义成 public 的，那么接口里的所有方法和变量都是 public 的。

一旦接口被定义，那么一个或多个类可以实现该接口。一个类也可以实现多个接口。一个包括 implements 子句的类的一般形式如下：

```
access class classname[(extends superclass)][implements interface[,interface…]]{
    //class body
}
```

这里 access 要么是 public 的，要么是不加修饰符的。类中实现接口的方法必须声明成 public，而且实现方法的类型必须严格与接口定义中指定的类型匹配。

可以声明一个接口类型的引用变量，而不是实现接口类的引用。任何实现了该接口的类的实例都可被这样一个变量引用。

如果一个类包含一个接口但是不完全实现接口定义的方法，那么该类必须定义成 abstract 型。你可以使用接口来引入多个类的共享常量，这样做只需要简单地声明一个接口，该接口包含被初始化的变量即可。如果一个类实现这样一个接口，那么接口中的所有变量都将被作为常量来看待。

接口可以通过使用 extends 继承其他接口。当一个类实现一个继承了另一个接口的接口时，它必须实现接口继承链表中定义的所有方法。

这里我们总结一下接口的知识：

- 使用 interface 关键字，必须声明为 public 或者不加任何修饰符。接口的修饰符隐含决定接口内方法和变量的修饰符。
- 实现接口的类同接口一样，修饰符要么是 public 的，要么不加修饰符。而且如果类中实现了某个接口中的方法，那么所有实现的方法必须声明为 public 的。如果有类 implements 某个接口，但没有实现接口中所有的方法，那么该类必须声明为 abstract 的。
- 可以声明一个接口的引用变量，那么所有实现此接口的类的对象引用都可以赋给此引用变量。
- 一个接口可以继承（extends）其他接口，实现一个继承了其他接口的接口时，必须实现该接口中声明的和所继承的所有其他接口中的方法。

7.2.2　理解接口

接口的语法规则很重要，但真正理解接口则更加重要。或许大家要问，为什么要使用接口呢？使用接口有什么好处呢？

举个例子，假如有一个机动车的抽象类，轿车、卡车、拖拉机、摩托车、客车等都是机动车的子类。如果机动车中有三个抽象方法："刹车""收取费用"和"调节温度"，那么所有的子类都要实现这三个方法，即给出方法体，产生各自的刹车、收取费用和调节温度的行为。但这显然不符合人们的思维方法，因为拖拉机可能不需要有"收取费用"或"调节温度"的功能。合理的处理是去掉机动车的"收取费用"和"调节温度"这两个方法。如果允许多继承，轿车类想具有"调节温度"的功能，轿车类可以是机动车的子类，同时也是另外一个具有"调节温度"功能类的子类。多继承有可能增加子类的负担，因为轿车类可能从它的多个父类继承一些并不需要的功能。此时接口就起到作用了。

我们知道 Java 支持继承，但不支持多继承，即一个类只能有一个父类。单继承性使得 Java 更加简单、易于管理程序，使得编程更加灵活，但这也增加了子类的负担，使用不当会引起混乱。为了克服单继承性的缺点，保证程序的健壮性和易维护性，且不失灵活性，Java 使用了接口。一个类可以实现多个接口，接口可以增加很多类都需要实现的功能。不同的类可以使用相同的接口，同一个类也可以实现多个接口。如上述中的轿车、飞机、轮船等，可能需要具体实现"收取费用"和"调节温度"的功能，而它们的父类可能互不相同。接口只关心功能，而不关心功能的具体实现。如客车类实现了一个接口，该接口中有一个"收取费用"的方法，那么这个"客车类"必须具体给出怎样收取费用的操作，即给出方法的方法体。不同的车类都可以实现"收取费用"的功能，但"收取费用"的手段可能不相同，这是"收取费用"功能的多态，即不同对象调用同一操作可能具有不同的行为。

接口的思想在于它可以增加很多类都需要实现的功能，使用相同的接口类不一定有继承关系。就像各式各样的商品，它们可能隶属不同的公司，工商部门要求它们都必须具有显示商标的功能（实现同一接口），但商标的具体制作又由各个公司自己去实现。

接口与抽象类的一个很重要的区别：接口是用来定义操作和行为的，而抽象类是用来定义实体的。在使用的时候要注意体会并区分开来使用。

7.2.3　接口的使用

下面通过一个示例来理解接口的使用。

【例 7-3】

```
interface Callback {           //声明一个接口
  void callMethod(int param);
}
class Client implements Callback {
  public void callMethod(int p) {      //当实现接口的一个方法时，该方法必须被声明为 public
    System.out.println("callMethod called with " + p);
  }
  void clientMethod() {       //类在实现接口的同时也可以定义自己的方法、变量
    System.out.println("Client\'s own method!");
```

```
    }
  }
class InterfaceTest {
    public static void main(String[] args) {
        Callback cb;              //声明一个接口类型的引用变量
        Client c1 = new Client();
        c1.callMethod(10);
        cb = c1;
        cb.callMethod(99);        //cb 也可以调用 callMethod()方法
    }
}
```

上述程序的运行结果如图 7-3 所示。

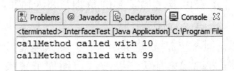

图 7-3　程序运行结果

上面的程序只是讲解如何在程序中使用接口，并没体现出使用接口给程序带来的好处。在下面的章节中我们会继续讲解接口的使用。

7.3　接口应用

7.3.1　接口回调

接口回调是多态的另一种体现。接口回调是指：可以使用某一接口的类创建的对象的引用赋给该接口声明的接口变量，则该接口变量就可以调用被类实现的接口中的方法。当接口变量调用被类实现的接口中的方法时，就是通知相应的对象调用接口的方法，这一过程就成为对象功能的接口回调。不同的类在使用同一个接口的时候，可能具有不同的功能实现，即接口的方法体不必相同，因此接口回调可能产生不同的行为。

下面是一个使用了接口回调技术的示例。

【例 7-4】

```
interface ShowMessage {
    void showMessage();
}
class TV implements ShowMessage {
    public void showMessage() {
        System.out.println("This is a TV.");
    }
}
class Computer implements ShowMessage {
    public void showMessage() {
        System.out.println("This is a Computer.");
```

```
    }
  }
public class InterfaceExample {
    public static void main(String args[]) {
      ShowMessage sm;          //声明接口变量
      sm = new TV();           //接口变量中存放对象的引用
      sm.showMessage();        //接口回调
      sm = new Computer();     //接口变量中存放对象的引用
      sm.showMessage();        //接口回调
    }
}
```

上述程序的运行结果如图 7-4 所示。

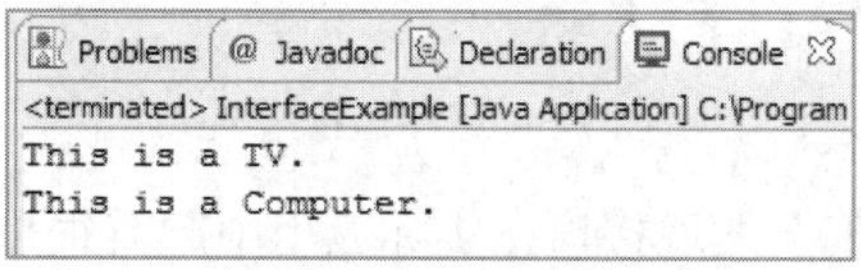

图 7-4　程序运行结果

7.3.2　接口作为参数

当一个方法的参数是一个接口类型时（如果一个类实现了该接口），就可以把该类的实例引用传值给该参数，参数可以回调类实现的方法。请看例 7-5。

【例 7-5】

```
interface Speak {
    void speak();
}

class UserOne implements Speak {
    public void speak() {
      System.out.println("I Love This Game!");
    }
}

class UserTwo implements Speak {
    public void speak() {
      System.out.println("我想去长沙卓京教育学习。");
    }
}

class Listener {
    public void listen(Speak someone) {
      someone.speak();
    }
}
```

```java
public class Example {
    public static void main(String args[]) {
        Listener listener = new Listener();
        listener.listen(new UserOne());
        listener.listen(new UserTwo());
    }
}
```

上述程序的运行结果如图 7-5 所示。

图 7-5   程序运行结果

在以后的学习过程中我们会发现接口在实际应用中起着很重要的作用。在众多设计模式中绝大多数都是使用接口来实现的，所以也可以这样说，Java 程序设计的好与坏与接口的设计有着重大的关系。

使用接口还可以实现对调用方进行权限限制。我们举个较形象的例子，假如有这么一个英雄（SuperHero），会像鸟一样的飞（CanFly），会像鱼一样的游泳（CanSwim），会像雄狮一样的搏斗（CanFight），那么就可以定义三个不同功能的接口，然后依次去实现这三个不同的接口就是一个 SuperHero 了。可是问题又出现了，如果存在这样一个英雄，他只会其中一种技能，CanFly 或者是 CanSwim，那么怎么办呢？我们重新写一个这样的类，让他去实现自己应该实现的接口，答案并不是如此。请看下面的示例。

【例 7-6】

```java
interface CanFight{
    void fight();
}
interface CanSwim{
    void swim();
}
interface CanFly{
    void fly();
}
class SuperHero implements CanFight,CanFly,CanSwim{
    public void fight(){
        System.out.println("我会像雄狮一样的搏斗");
    }
    public void swim(){
        System.out.println("我会像鱼一样的游泳");
    }
    public void fly(){
        System.out.println("我会像鸟一样的飞");
    }
```

```
}
public class InterfaceApp{
    public static void fight(CanFight x){
        x.fight();
    }
    public static void swim(CanSwim x){
        x.swim();
    }
    public static void fly(CanFly x){
        x.fly();
    }

    public static void main(String args[]){
        SuperHero superHero=new SuperHero();
        //利用接口对其进行限制
        fight(superHero);        //相当于 CanFight h=new SuperHero (); h.fight();
        swim(superHero);         //相当于 CanSwim s=new SuperHero (); s.swim();
        fly(superHero);          //相当于 CanFly f=new SuperHero (); f.fly();
    }
}
```

上述程序的运行结果如图 7-6 所示。

图 7-6 程序运行结果

7.4 贯穿项目（7）

项目引导：本章主要学习了抽象类与接口。本次任务是通过使用接口 ActionListener 来实现各种监听。以下为详细步骤。

```
package ChatClient;

import java.awt.*;          //JFrame 要用到的类
import java.awt.event.*;    //事件类
import javax.swing.*;       //包含 JFrame
import java.net.*;
//聊天客户端的主框架类
public class ChatClient extends JFrame implements ActionListener{
    String userName = "百读不厌";       //用户名
    Image icon;                         //程序图标
    //建立菜单栏
    JMenuBar jMenuBar = new JMenuBar();     //此组件是制作菜单栏时用到的一个组件
    //建立菜单项
```

```java
    JMenu conMenu=new JMenu ("设置(C)");
JMenuItem userItem=new JMenuItem ("用户设置(U)");
    //建立工具栏
    JToolBar toolBar = new JToolBar();    //JToolBar 是一个存放组件的特殊 Swing 容器。这个容器可以在我
们的 Java Applet 或是程序中用作工具栏，而且可以在程序的主窗口之外浮动或是被拖拽
    //建立工具栏中的按钮组件
    JButton userButton;      //用户信息的设置
    //框架的大小
    Dimension faceSize = new Dimension(400, 600);    //Dimension Java 的一个类，封装了一个构件的高度和宽度
    JPanel downPanel ;                //JPanel 是一般轻量级容器，是 javax.swing 包中的，为面板容器
    GridBagLayout girdBag;          //网格包布局管理器
    GridBagConstraints girdBagCon;     //控制添加进的组件的显示位置
    public ChatClient(){
    init();//初始化程序
    //添加框架的关闭事件处理
      this.setDefaultCloseOperation(JFrame.EXIT_ON_CLOSE);      /*是设置用户在此窗体上发起 close 时默
认执行的操作。EXIT_ON_CLOSE 使用 System exit 方法退出应用程序。仅在应用程序中使用。*/
      this.pack();      /*是调整外部容器大小的方法。如外部容器 FollowLayout 的布局装了几个按钮，在
使用 pack()之后会使这个外部容器自动调整成刚好装下这几个按钮的大小尺寸。*/
    //设置框架的大小
    this.setSize(faceSize);
    //设置运行时窗口的位置
    Dimension screenSize = Toolkit.getDefaultToolkit().getScreenSize();      //获取全屏幕的大小
    this.setLocation( (int) (screenSize.width - faceSize.getWidth())/2,
(int) (screenSize.height - faceSize.getHeight())/2);      //将组件移到新位置
    this.setResizable(false);             //生成的窗体大小是由程序员决定的
    this.setTitle("聊天室客户端");      //设置标题
    //程序图标
    icon = getImage("icon.gif");
    this.setIconImage(icon);     //设置程序图标
    setVisible(true);
    //为设置菜单栏设置热键 C
    conMenu.setMnemonic('C');
    //为用户设置设置快捷键为 Ctrl+U
    userItem.setMnemonic ('U');
    userItem.setAccelerator (KeyStroke.getKeyStroke (KeyEvent.VK_U,InputEvent.CTRL_MASK));
    }
    //程序初始化函数
    public void init(){
    //this.getContentPane()的作用是初始化一个容器，用来在容器上添加一些控件
    Container contentPane = this.getContentPane();
    //BorderLayout 是一个布置容器的边框布局，它可以对容器组件进行安排，并调整其大小，使其符合
下列五个区域：北、南、东、西、中
    contentPane.setLayout(new BorderLayout());
    //添加菜单栏
    jMenuBar.add (conMenu);
    conMenu.add (userItem);
    this.setJMenuBar (jMenuBar);                //在 JFrame 中设置菜单栏，this 可以省略
    userItem.addActionListener(this);           //为菜单栏添加事件监听
    userButton = new JButton("用户设置" );      //初始化按钮
```

```
    userButton.setToolTipText("设置用户信息");    //当鼠标放上显示信息
    toolBar.add(userButton);                      //将按钮添加到工具栏
    contentPane.add(toolBar,BorderLayout.NORTH);
    //添加按钮的事件侦听
    userButton.addActionListener(this);
}
public void actionPerformed(ActionEvent e) {    //监听某个事件的类
    Object obj = e.getSource();                   //getSource()方法是指从哪个组件发出的事件源
    if (obj == userItem || obj == userButton) {   //用户信息设置
        // UserConf 为外部类，详见贯穿项目（11）
        //调出用户信息设置对话框
        UserConf userConf = new UserConf(this, userName);
        userConf.setVisible(true);
        userName = userConf.userInputName;
    }
}
Image getImage(String filename) {    //通过给定的文件名获得图像
    //此方法省略，详见贯穿项目（6）
}
    public static void main(String[] args) {
        ChatClient app = new ChatClient();
    }
}
```

上述程序的运行结果如图 7-7 所示。

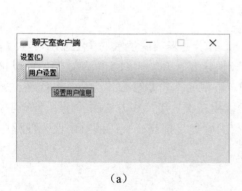

（a）

（b）

图 7-7　程序运行结果

7.5　本章小结

　　本章学习了抽象类和接口，介绍了抽象类的定义和应用，接口的重要性以及接口的声明及应用。通过本章的学习，能够让读者熟练使用抽象类和接口，理解为什么使用抽象类，能够应用接口回调以及理解当接口作为参数时的应用。

第8章 泛型与集合

 学习目标

本章学习下列知识:

● 泛型的概念与泛型的限制。

● 泛型的有界类型与通配符。

● 集合的概念。

● 集合类和迭代器接口。

使读者具备下列能力:

● 理解泛型的概念以及能创建和使用泛型类。

● 理解泛型的有界类型和通配符的使用,了解泛型的限制。

● 理解 Java 集合类、迭代器接口并掌握常用接口及实现类的使用。

● 掌握集合工具类的使用。

8.1 泛型

在 Java SE1.5 之前,Java 通过对类型 Object 的引用来实现参数的"任意化"。而"任意化"带来的缺点是要做显示的强制类型转换,这种转换是要求开发者对实际参数类型可以预知的情况下进行的。而在 Java SE1.5 中,加入了泛型,泛型的本质是参数化类型,也就是说所操作的数据类型被指定为一个参数。这种参数类型可以用在类、接口和方法的创建中,分别称为泛型类、泛型接口和泛型方法。Java 语言引入泛型的好处是提高了代码的重用性,使程序更加灵活、安全和简单。

定义泛型类的语法格式如下:

```
[访问符] class 类名 <类型参数列表>{
    //类体
}
```

示例:

```
Class Node <T>{
    private T data;
    public Node <T> next;
    ...
}
```

实例化泛型类的语法格式如下:

类名<类型参数列表>对象 = new 类名<类型参数列表>([构造方法参数列表]);

示例：

Node < String > myNode = new Node < String > ();

从 Java 7 开始，实例化泛型类时只需给出<>即可，Java 可自行推断出其中的泛型信息，此语法被称为"菱形"语法。

示例：

Node < String > myNode = new Node < > ();

下面来看看为什么要用泛型。假如我们在 main 里写了如下这样一段代码：

```
List arrayList = new ArrayList();
    arrayList.add("aaaa");
    arrayList.add(100);
    for(int i = 0; i< arrayList.size();i++){
            String item = (String)arrayList.get(i);
            System.out.println("泛型测试：item = " + item);
    }
```

上述程序运行后会报错，错误信息为：

java.lang.ClassCastException: java.lang.Integer cannot be cast to java.lang.String

ArrayList 可以存放任意类型，上例中添加了一个 String 类型，添加了一个 Integer 类型，在使用时都以 String 的方式使用，因此程序崩溃了。为了解决类似这样的问题（在编译阶段就可以解决），泛型应运而生。

我们将上述代码段第一行声明初始化 List 的代码更改如下：

List<String> arrayList = new ArrayList<String>();

编译器会在编译阶段就能发现类似这样的问题，错误信息如图 8-1 所示。

```
<已终止> Dao [Java 应用程序] C:\Program Files\Java\jdk1.8.0_121\bin\javaw.exe (2018年3月
Exception in thread "main" java.lang.Error: 无法解析的编译问题；
        类型 List<String> 中的方法 add (int, String) 对于参数（int）不适用
```

图 8-1 错误信息

泛型只在编译阶段有效，在 main 里写入下列代码：

```
List<String> stringArrayList = new ArrayList<String>();
List<Integer> integerArrayList = new ArrayList<Integer>();

Class classStringArrayList = stringArrayList.getClass();
Class classIntegerArrayList = integerArrayList.getClass();
if(classStringArrayList.equals(classIntegerArrayList)){
System.out.println("泛型测试:类型相同");
}
```

完整程序的输出结果为：

泛型测试: 类型相同

通过上面的例子可以证明，在编译之后程序会采取去泛型化的措施。也就是说 Java 中的泛型，只在编译阶段有效。在编译过程中，正确检验泛型结果后，会将泛型的相关信息去除，并且在对象进入和离开方法的边界处添加类型检查和类型转换的方法。也就是说，泛型信息不会进入到运行时阶段。

泛型类型在逻辑上可以看成是多个不同的类型，实际上都是相同的基本类型。

8.2　泛型的应用

泛型的应用包括泛型类、泛型接口和泛型方法。

8.2.1　泛型类

下面直接来看一个例子。

【例 8-1】

```java
public class Generic<T>{
  private T data;
  public Generic(){
  }
  public Generic(T data){
    this.data = data;
  }
  public T getData(){
    return data;
  }
  public void setData(T data){
    this.data = data;
  }
  public void showDataType(){
    System.out.println("数据类型是："+data.getClass().getName());
  }
}
```

例 8-1 的代码定义了一个名为 Generic 的泛型类，并提供了两个构造方法（不带参数和带参数）。私有属性 data 的数据类型采用泛型，可以在使用时再进行指定。showDataType()方法显示 data 属性的具体类型名称，其中 "getClass().getName()" 用于获取对象的类名。

下面的例 8-2 是用泛型类分别实现 String、Double、Integer 三种不同类型参数的对象。

【例 8-2】

```java
public class GenericDemo {
  public static void main(String[] args){
    //定义泛型类的一个 String 版本
    //使用带参数的泛型构造方法
    Generic<String>strObj = new Generic<String>("欢迎使用泛型类!");
    strObj.showDataType();
    System.out.println(strObj.getData());
    System.out.println("-----------------------------------");
    //定义泛型类的一个 Double 版本
    //使用 Java 7 "菱形" 语法实例化泛型
    Generic<Double>dObj = new Generic<>(3.1415);
    dObj.showDataType();
    System.out.println(dObj.getData());
    System.out.println("-----------------------------------");
```

```
//定义泛型类的一个 Integer 版本
//使用不带参数的泛型实例化构造方法
Generic<Integer>intObj = new Generic<>();
intObj.setData(123);
intObj.showDataType();
System.out.println(intObj.getData());
    }
}
```
例 8-2 程序的输出结果如图 8-2 所示。

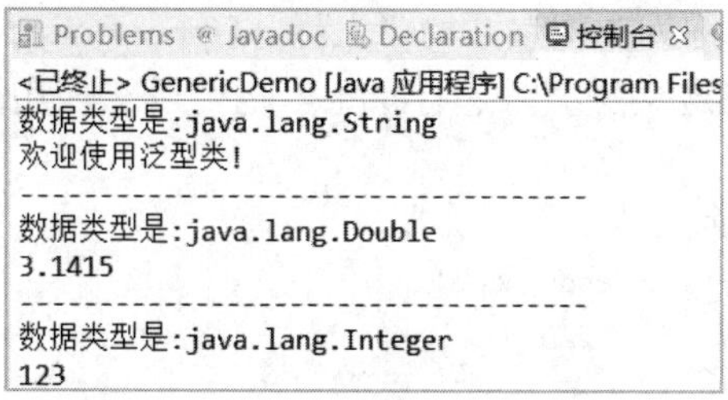

图 8-2　泛型类的演示

8.2.2　泛型通配符

当使用一个泛型类时（包括声明泛型变量和创建泛型实例对象两种情况），都应该为此泛型类传入一个实参，否则编译器会提出泛型警告。如果定义一个方法，该方法的参数需要使用泛型，但类型参数是不确定的，此时如果考虑使用 Object 类型来解决，编译时则会出现错误。

下面来看一个例子。

【例 8-3】
```
public static void fun(List<Object> list) {…}
List<String> list1 = new ArrayList<String>();
List<Integer> list2 = new ArrayList<Integer>();
fun(list1);        //编译不通过
fun(list2);        //编译不通过
```
如果把 fun()方法的泛型参数去除，那么就没有错误了，如下所示。
```
public static void fun(List list) {…}
…
```
但会有一个警告。警告的原因是没有使用泛型。Java 希望大家都去使用泛型。你可能会说"这里根本就不能使用泛型!"，下面要介绍的通配符就是专门处理这一问题的。

把代码"List < Object > list"改成"List <?> list"，其中"?"就是一个通配符，它只能在"<>"中使用。这时就可以向 fun()方法传递 List<String>、List<Integer>类型的参数了。当传递 List<String>类型的参数时，表示给"?"赋值为 String；当传递 List<Integer>类型的参数时，表示给"?"赋值为 Integer。

通配符的限制：通配符只能出现在引用的定义中，而不能出现在创建对象中。例如：new ArrayList<?>()，这是不可以的；ArrayList<?> list = null，这是可以的。

8.2.3　泛型有界类型

泛型的类型参数可以是各种类型，但有时候需要对类型参数的取值进行一定程度的限制，以便使类型参数在指定范围内。针对这种情况，Java 提供了"有界类型"来限制类型参数的取值范围。有界类型分两种：使用 extends 关键字声明类型参数的上界；使用 super 关键字声明类型参数的下界。

1．上界

使用 extends 关键字可以指定类型参数的上界，限制此类型参数必须继承自指定的父类或父类本身。被指定的父类则称为类型参数的"上界（Upper Bound）"。

类型参数的上界可以在定义泛型时进行指定，也可以在使用泛型时进行指定。其语法格式如下：

```
//定义泛型时指定类型参数的上界
[访问符] class 类名<类型参数  extends  父类> {
    //类体
}
//使用泛型时指定类型参数的上界
泛型类<? extends  父类>
```

下面看两行代码：

```
Map<String, ? extends Object> map = new HashMap<String, Object>();
map.put("aaaa", "aaaaaa");
```

这里会出现错误，因为用 extends 关键字声明，表示参数化的类型可能是所指定的类型，或者是此类型的子类。因此，实际的 map 对象的 value 类型可能是 Integer、String、Long 等，而实际的 map 变量的 value 类型是不可预测的。如果实际的 map 的 value 类型是 Integer，那么就有问题了，因为它无法存入 String 类型，因此编译器就报错了。

2．下界

使用 super 关键字可以指定类型参数的下界，限制此类型参数必须是指定的类型本身或其父类，直至 Object 类。被指定的类则称为类型参数的"下界（Lower Bound）"。

类型参数的下界通常在使用泛型时进行指定。其语法格式如下：

```
泛型类<? super  类型>
```

将"上界"讲到的代码改成：

```
Map<String, ? super Object> map = new HashMap<String, Object>();
map.put("Hello", "Hi");
```

这段代码不会报错，因为这个时候的 value 泛型类型可能是 Object 或者 Object 的父类，因此，传 String 进去肯定能包容这个 value。

下面再来看两行代码：

```
Map<String, ? super String> map = new HashMap<String, String>();
map.put("Hello",new Object());
```

这段代码会出错。因为表示参数化的类型可能是所指定的类型，或者是此类型的父类型，直至 Object。既然可能是指定类型的父类，理论上应该可以放入父类，但是如果实际的泛型类型是 String，则语句 String x = new Object(); 就肯定编译不成功，Object 不是 String 类型，自然不能放进去。

8.2.4　泛型的限制

Java 语言没有真正实现泛型。Java 程序在编译时生成的字节码中是不包含泛型信息的，泛型的类型信息将在编译处理时被擦除掉，这个过程称为类型擦除。这种实现理念造成 Java 泛型本身有很多漏洞，虽然 Java 8 对类型推断进行了改进，但依然需要对泛型的使用上做一些限制，其中大多数限制都是由类型擦除和转换引起的。

Java 对泛型的限制如下：

（1）泛型的类型参数只能是类类型（包括自定义类），不能是简单类型；

（2）同一个泛型类可以有多个版本（不同参数类型），不同版本的泛型类的实例是不兼容的，例如："Generic\<String\>" 与 "Generic\<Integer\>" 的实例是不兼容的；

（3）定义泛型时，类型参数只是占位符，不能直接实例化，例如："new T()" 是错误的；

（4）不能实例化泛型数组，除非是无上界的类型通配符，例如："Generic\<String\> []a = new Generic\<String\> [10]" 是错误的，而 "Generic\<?\> []a = new Generic\<?\> [10]" 是被允许的；

（5）泛型类不能继承 Throwable 及其子类，即泛型类不能是异常类，不能抛出也不能捕获泛型类的异常对象，例如："class GenericException \<T\> extends Exception" 和 "catch(T e)" 都是错误的。

8.3　集合

集合（只能存储对象，对象类型可以不一样）出称为容器，是一个包含多个元素的对象。集合可以对数据进行存储，检索，操作，可以把许多个体组织成一个整体：一副扑克牌（许多牌组成的集合）；一个电话本（许多姓名和号码的映射）。

8.3.1　集合概述

Java 集合类存放于 java.util 包中。从 JDK5.0 开始，为了处理多线程环境下的并发安全问题，又在 java.util.concurrent 包下提供了一些多线程支持的集合类。

集合类存放的都是对象的引用，而非对象本身。出于表达上的便利，我们称集合中的对象就是指集合中对象的引用（Reference）。集合类型主要有三种：集（Set）、列表（List）和映射（Map）。

（1）集是最简单的一种集合。它的对象不按特定方式排序，只是简单地把对象加入集合中，就像往口袋里放东西。对集中成员的访问和操作是通过集中对象的引用进行的，所以集中不能有重复对象。

集也有多种变体，可以实现排序等功能。如 TreeSet，它把对象添加到集中的操作变为按照某种比较规则将其插入到有序的对象序列中。它实现的是 SortedSet 接口，也就是加入了对象比较的方法。通过对集中的对象迭代，我们可以得到一个升序的对象集合。

（2）列表的主要特征是其对象以线性方式存储，没有特定顺序，只有一个开头和一个结尾。当然，它与根本没有顺序的集是不同的。列表在数据结构中分别表现为：数组、向量、链表、堆栈和队列。

（3）映射与集或列表有明显区别。映射中每个项都是成对的。映射中存储的每个对象都有一个相关的关键字（Key），关键字决定了对象在映射中的存储位置，检索对象时必须提供相应的关键字，就像在字典中查单词一样。关键字应该是唯一的。

关键字本身并不能决定对象的存储位置，它通过一种散列（Hashing）技术来进行处理，产生一个被称作散列码（Hash Code）的整数值，散列码通常用作一个偏置量，该偏置量是相对于分配给映射的内存区域起始位置的，由此确定"关键字/对象"对的存储位置。理想情况下，散列处理应该产生给定范围内均匀分布的值，而且每个关键字应得到不同的散列码。

Java 的集合类主要由两个接口派生而出：Collection 和 Map。这两个接口派生出一些子接口或实现类。

Collection 接口是集合类的根接口。Java 中没有提供这个接口的直接的实现类，但是却让其被继承产生了三个接口，就是 Set、Queue 和 List。Set 中不能包含重复的元素；Queue 是一个队列集合；List 是一个有序的集合，可以包含重复的元素，提供了按索引访问的方式。

Map 接口是 Java.util 包中的另一个接口。它和 Collection 接口没有关系，二者是相互独立的，但是都属于集合类的一部分。Map 包含了 key-value 对。Map 不能包含重复的 key，但是可以包含相同的 value。

Java 中的集合分为三大类：

- Set 里存放的对象是无序的，不能重复的。Set 集合中的对象不按特定的方式排序，只是简单地把对象加入 Set 集合中。
- List 里存放的对象是有序的，同时也是可以重复的。List 关注的是索引，拥有一系列和索引相关的方法，查询速度快。因为往 List 集合里插入或删除数据时，会伴随着后面数据的移动，所有插入删除数据速度慢。
- Map 集合中存储的是键值对，键不能重复，值可以重复，根据键得到值。对 Map 集合遍历时先得到键的 Set 集合，对 Set 集合进行遍历，得到相应的值。

8.3.2　集合框架

集合框架是代表和操作集合的统一架构。所有的集合框架都包含以下几点：

- 接口，表示集合的抽象数据类型。接口允许我们操作集合时不必关注具体实现，从而达到"多态"。在面向对象编程语言中，接口通常用来形成规范。
- 实现类，集合接口的具体实现，是重用性很高的数据结构。
- 算法，用来根据需要对实体类中的对象进行计算，比如查找，排序等。其特点为①同一种算法可以对不同的集合实现类进行计算，这是利用了"多态"；②重用性很高。

使用 Java 集合框架有以下几点好处：

（1）编码更轻松。Java 集合框架提供了方便使用的数据结构和算法，使编程后不用从头造轮子，直接操心上层业务就好了。

（2）代码质量更上一层楼。Java 集合框架经过几次升级迭代，数据结构和算法的性能已经优化得很棒了。由于是针对接口编程，不同实现类可以轻易地互相替换。

（3）减少学习新 API 的成本。过去每个集合 API 下还有子 API 来对其进行操作，使用者需要学几层才能知道怎么使用，而且还容易出错。现在有了标准的 Java 集合框架，每个 API

都继承自己顶层 API，自己只负责具体实现，使用者学习起来很容易。

（4）可以"照猫画虎"了。由于顶层接口已经把基础方法都定义好了，你只要实现接口，把具体实现方法填好，而不用操心架构设计。Java 集合框架图如图 8-3 所示。

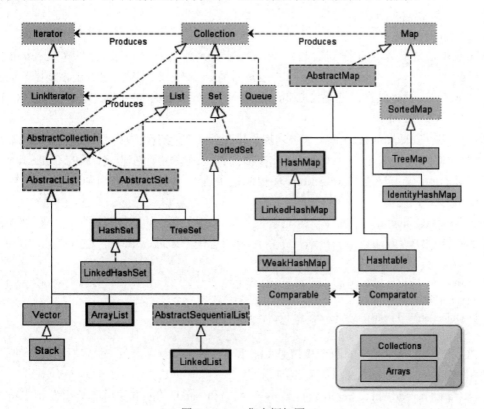

图 8-3　Java 集合框架图

8.3.3　迭代器接口

迭代器（Iterator）可以采用统一的方式对 Collection 集合中的元素进行遍历操作。开发人员无需关心 Collection 集合中的内容，也不必实现 IEnumerable 或者 IEnumerator 接口就能够使用 foreach 循环遍历集合中的部分或全部元素。

Java 从 JDK5.0 开始增加了 Iterable 新接口。该接口是 Collection 接口的父接口，因此所有实现了 Iterable 的集合类都是可迭代的，都支持 foreach 循环遍历。Iterable 接口中的 iterator() 方法可以获取每个集合自身的迭代器 Iterator。Iterator 是集合的迭代器接口，定义了常见的迭代方法，用于访问、操作集合中的元素。

Iterator 接口主要包含以下三种方法：

● hasNext()，是否还有下一个元素。
● next()，返回下一个元素。
● remove()，删除当前元素。

8.4　集合类

8.4.1　Collection 接口

Collection 是最基本的集合接口，一个 Collection 代表一组 Object，即 Collection 的元素（Elements）。一些 Collection 允许相同的元素而另一些不行；一些 Collection 能排序而另一些不行。Java SDK 不提供直接继承自 Collection 的类，Java SDK 提供的类都是继承自 Collection 的 "子接口"，如 List 和 Set。

所有实现 Collection 接口的类都必须提供两个标准的构造函数：无参数的构造函数用于创建一个空的 Collection；有一个 Collection 参数的构造函数用于创建一个新的 Collection，这个新的 Collection 与传入的 Collection 有相同的元素。后一个构造函数允许用户复制一个Collection。

如何遍历 Collection 中的每一个元素？不论 Collection 的实际类型如何，它都支持一个 iterator() 的方法，该方法返回一个迭代子，使用该迭代子即可逐一访问 Collection 中的每一个元素。该方法典型的用法如下：

```
Iterator it = collection.iterator();    //获得一个迭代子
while(it.hasNext()) {
    Object obj = it.next();         //得到下一个元素
}
```

由 Collection 接口派生的两个接口是 List 和 Set。

使用 Collection 需要注意以下几点问题：

（1）add()、addAll()、remove()、removeAll() 和 retainAll() 方法可能会引发不支持该操作的 UnsupportedOperationException 异常；

（2）将一个不兼容的对象添加到集合中时，将产生 ClassCastException 异常；

（3）Collection 接口没有提供获取某个元素的方法，但可以通过 iterator() 方法获取迭代器来遍历集合中的所有元素；

（4）虽然 Collection 中可以存储任何 Object 对象，但不建议在同一个集合容器中存储不同类型的对象，建议使用泛型增强集合的安全性，以免引起 ClassCastException 异常。

8.4.2　List 接口

List 是有序的 Collection，使用此接口能够精确地控制每个元素插入的位置。用户能够使用索引（元素在 List 中的位置，类似于数组下标）来访问 List 中的元素，这类似于 Java 的数组。和下面要提到的 Set 不同，List 中允许有相同的元素。

除了具有 Collection 接口必备的 iterator() 方法外，List 还提供一个 listIterator() 方法，该方法返回一个 ListIterator 接口。和标准的 Iterator 接口相比，ListIterator 接口多了一些 add() 之类的方法，允许添加、删除、设定元素，还能向前或向后遍历元素。

List 集合默认按照元素添加顺序设置元素的索引，索引从 0 开始。例如：第一次添加的元素索引为 0，第二次添加的元素索引为 1，第 n 次添加的元素索引为 n-1。当使用无效的索引时将产生 IndexOutOfBoundsException 异常。

实现 List 接口的常用类有 LinkedList、ArrayList、Vector 和 Stack。

1．LinkedList 类

LinkedList 实现了 List 接口，允许 null 元素。此外 LinkedList 提供额外的 get、remove、insert 方法在 LinkedList 的首部或尾部。这些操作使 LinkedList 可被用作堆栈（Stack）、队列（Queue）或双向队列（Deque）。

注意，LinkedList 没有同步方法。如果多个线程同时访问一个 List，则必须自己实现访问同步。一种解决方法是在创建 List 时构造一个同步的 List，如：

List list = Collections.synchronizedList(new LinkedList(...));

2．ArrayList 类

ArrayList 实现了可变大小的数组。它允许所有元素，包括 null。ArrayList 没有同步。

Size、isEmpty、get 和 set 方法运行时间为常数，但是 add 方法开销为分摊的常数。添加 n 个元素需要 O(n)的时间。其他的方法运行时间为线性。

每个 ArrayList 实例都有一个容量（Capacity），即用于存储元素的数组的大小。这个容量可随着不断添加新元素而自动增加，但是增长算法并没有定义。当需要插入大量元素时，在插入前可以调用 ensureCapacity 方法来增加 ArrayList 的容量以提高插入效率。

和 LinkedList 一样，ArrayList 也是非同步的（Unsynchronized）。

3．Vector 类

Vector 类与 ArrayList 类非常类似，但是 Vector 类是同步的。虽然由 Vector 类创建的 Iterator 和由 ArrayList 类创建的 Iterator 是同一接口，但是，因为 Vector 类是同步的，当一个 Iterator 被创建而且正在被使用，另一个线程改变了 Vector 的状态（例如，添加或删除了一些元素），这时调用 Iterator 的方法时将抛出 ConcurrentModificationException 异常，因此必须捕获该异常。

4．Stack 类

Stack 类继承自 Vector 类，实现一个后进先出的堆栈。Stack 类提供五个额外的方法使得 Vector 类得以被当作堆栈使用。基本的有 push 和 pop 方法。peek 方法得到栈顶的元素，empty 方法测试堆栈是否为空，search 方法检测一个元素在堆栈中的位置。Stack 刚创建时是空栈。

ArrayList 和 Vector 是 List 接口的两个典型实现类，完全支持 List 接口的所有功能方法。ArrayList 称为 "数组列表"，而 Vector 称为 "向量"。两者都是基于数组实现的列表集合，但该数组是一个动态的、长度可变的、并允许再分配的 Object[]数组。

ArrayList 和 Vector 在用法上相似，但两者在本质上还是存在区别的：

- ArrayList 是非线程安全的，当多个线程访问同一个 ArrayList 集合时，如果多个线程同时修改 ArrayList 集合中的元素，则程序必须手动保证该集合的同步性；
- Vector 是线程安全的，程序无需手动保证该集合的同步性。正因为 Vector 是线程安全的，所以 Vector 的性能要比 ArrayList 低。在实际应用中，即使要保证线程安全，也不推荐使用 Vector，因为可以使用 Collections 工具类将一个 ArrayList 变成线程安全的。

下面来看几个例子。

【例 8-3】

```
import java.util.ArrayList;
```

```java
import java.util.Iterator;

public class ArrayListDemo {
    public static void main(String[] args){
        ArrayList<String> list = new ArrayList<String>();
        //向集合中添加元素
        list.add("北京");
        list.add("上海");
        list.add("天津");
        list.add("济南");
        list.add("青岛");
        //list.add(1);
        //使用 foreach 语句遍历
        System.out.println("使用 foreach 语句遍历：");
        for (String e : list) {
            System.out.println(e);
        }
        System.out.println("------------------");
        System.out.println("使用迭代器遍历：");
        //获取 ArrayList 的迭代器
        Iterator<String> iterator = list.iterator();
        //使用迭代器遍历
        while (iterator.hasNext()) {
            System.out.println(iterator.next());
        }
    System.out.println("------------------");
        //删除下标索引是 1 的元素，即第二个元素"上海"
        list.remove(1);
        //删除指定元素
        list.remove("青岛");
        System.out.println("删除后剩下的数据：");
        for (String e : list) {
        System.out.println(e);
        }
    }
}
```

上述代码使用 foreach 循环和 Iterator 迭代器遍历 ArrayList 集合中的元素，程序的输出结果如图 8-4 所示。

【例 8-4】

```java
import java.util.Iterator;
import java.util.Stack;
import java.util.Vector;

public class VectorStackDemo {
    public static void show(Iterator<?> iterator) {
```

图 8-4　ArrayListDemo 的输出结果

```java
    while (iterator.hasNext()) {
        System.out.println(iterator.next());
    }
}
public static void main(String[] args) {
    Vector<Integer> v = new Vector<Integer>();
    //使用循环向 Vector 中添加元素
    for (int i = 1; i <= 5; i++) {
        v.add(i);
    }
    System.out.println("Vector 中的元素：");
    show(v.iterator());
    System.out.println("-----------------");
    v.remove(2);
    System.out.println("Vector 删除后剩下的数据：");
    show(v.iterator());
    System.out.println("-----------------");
    //使用泛型 Stack 集合
    Stack<String> s = new Stack<String>();
    for (int i = 10; i <= 15; i++) {
        s.push(String.valueOf(i));
    }
    System.out.println("Stack 中的元素：");
    show(s.iterator());
    System.out.println("-----------------");
    System.out.println("Stack 出栈：");
    while (!s.isEmpty()) {
        System.out.println(s.pop());
    }
}
}
```

上述代码定义一个 show()方法，该方法的参数是迭代器 Iterator 对象，传递任意一集合的迭代器都可以对该集合的元素进行遍历输出。程序的输出结果如图 8-5 所示。

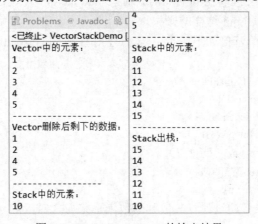

图 8-5　VectorStackDemo 的输出结果

8.4.3　Set 接口

Set 是一种不包含重复的元素的 Collection，即任意的两个元素 e1 和 e2 都有 e1.equals(e2) =false。Set 最多有一个 null 元素。

很明显，Set 的构造函数有一个约束条件，传入的 Collection 参数不能包含重复的元素。

注意：必须小心操作可变对象（Mutable Object）。如果一个 Set 中的可变元素改变了自身状态导致 Object.equals(Object)=true，将导致一些问题。

Set 接口继承 Collection 接口，没有提供任何额外的方法，其用法与 Collection 一样，只是特性不同。

Set 接口常用的实现类包括 HashSet、TreeSet 和 EnumSet。这三个实现类各具特色：

- HashSet 是 Set 接口的典型实现类，大多数使用 Set 集合的时候都使用该实现类。HashSet 使用 Hash 算法来存储集合中的元素，具有良好的存、取以及查找性；
- TreeSet 采用 Tree（树）的数据结构来存储集合元素，因此可以保证集合中的元素处于排序状态。TreeSet 支持两种排序方式：自然排序和定制排序，默认情况下采用自然排序；
- EnumSet 是一个专为枚举类设计的集合类，其所有元素必须是指定的枚举类型。EnumSet 集合中的元素是有序的，按照枚举值顺序进行排序。

8.4.4　Map 接口

请注意，Map 没有继承 Collection 接口，Map 提供 key 到 value 的映射。一个 Map 中不能包含相同的 key，每个 key 只能映射一个 value。Map 接口提供三种集合的视图，Map 的内容可以被当作一组 key 集合，一组 value 集合，或者一组 key-value 映射。

1. Hashtable 类

Hashtable 继承 Map 接口，实现一个 key-value 映射的哈希表。任何非空（Non-null）的对象都可作为 key 或者 value。

添加数据使用 put(key, value)，取出数据使用 get(key)，这两个基本操作的时间开销为常数。

Hashtable 通过 initial capacity 和 load factor 两个参数调整性能。通常缺省的 load factor 是 0.75，这样可较好地实现时间和空间的均衡。增大 load factor 可以节省空间但相应的查找时间将增大，这会影响像 get 和 put 这样的操作。

使用 Hashtable 的简单示例如下所示。将 1、2 和 3 放到 Hashtable 中，它们的 key 分别是 one、two 和 three。

```
Hashtable numbers = new Hashtable();
numbers.put("one", new Integer(1));
numbers.put("two", new Integer(2));
numbers.put("three", new Integer(3));
```

用相应的 key 取出一个数（比如 2）：

```
Integer n = (Integer)numbers.get("two");
System.out.println("two = " + n);
```

由于作为 key 的对象将通过计算其散列函数来确定与之对应的 value 的位置，因此任何作为 key 的对象都必须实现 hashCode 和 equals 方法。hashCode 和 equals 方法继承自根类 Object。

如果用自定义的类当作 key 的话，要相当小心。按照散列函数的定义，如果两个对象相同，即 obj1.equals(obj2)=true，则它们的 hashCode 必须相同，但如果两个对象不同，则它们的 hashCode 不一定不同。如果两个不同对象的 hashCode 相同，这种现象称为冲突，冲突会导致操作哈希表的时间开销增大，所以尽量定义合理的 hashCode()方法，这样能加快哈希表的操作。

如果相同的对象有不同的 hashCode，对哈希表的操作会出现意想不到的结果（期待的 get 方法返回 null）。要避免这种问题，只需要牢记一条：同时复写 equals 方法和 hashCode 方法，而不要只写其中一个。

2. HashMap 类

HashMap 和 Hashtable 类似，不同之处在于 HashMap 是非同步的，并且允许 null，即 null value 和 null key。但是将 HashMap 视为 Collection 时（values()方法可返回 Collection），其迭代子操作时间开销和 HashMap 的容量成比例。因此，如果迭代操作的性能相当重要的话，不要将 HashMap 的初始化容量设得过高，或者将 load factor 设得过低。

3. WeakHashMap 类

WeakHashMap 是一种改进的 HashMap，它对 key 实行"弱引用"，如果一个 key 不再被外部所引用，那么该 key 可以被回收（Garbage Collectin，GC）。

如果涉及到堆栈，队列等操作，应该考虑用 List；对于需要快速插入、删除元素，应该使用 LinkedList；如果需要快速随机访问元素，应该使用 ArrayList。

如果程序在单线程环境中，或者访问仅仅在一个线程中进行，非同步的类效率较高；如果多个线程可能同时操作一个类，应该使用同步的类。

要特别注意对哈希表的操作，作为 key 的对象要正确复写 equals 和 hashCode 方法。

尽量返回接口而非实际的类型。如返回 List 而非 ArrayList，这样如果以后需要将 ArrayList 换成 LinkedList 时，客户端代码不用改变。这就是针对抽象编程。

8.4.5　Queue 接口

队列 Queue 通常以"先进先出（FIFO）"的方式排序各个元素，即最先入队的元素最先出队。Queue 接口继承 Collection 接口，除了 Collection 接口中的基本操作外，还提供了队列的插入、提取和检查操作，且每个操作都存在两种形式：一种操作失败时抛出异常；另一种操作失败时返回一个特殊值（null 或 false）。

Deque（Double Ended Queue，双端队列）是 Queue 的子接口，支持在队列的两端插入和移除元素。Deque 接口中定义在双端队列两端插入、移除和检查元素的方法。

链接列表 LinkedList 是 Deque 和 List 两个接口的实现类，兼具队列和列表两种特性，是最常使用的集合类之一。LinkedList 不是基于线程安全的，如果多个线程同时访问一个 LinkedList 实例，而其中至少有一个线程从结构上修改该列表时，则必须有外部代码手动保持同步。

ArrayDeque 称为"数组双端队列"，是 Deque 接口的实现类，其特点如下：

（1）ArrayDeque 没有容量限制，可以根据需要增加容量；

（2）ArrayDeque 不是基于线程安全的，在没有外部代码同步时，不支持多个线程的并发访问；

（3）ArrayDeque 禁止添加 null 元素；

（4）ArrayDeque 在用作堆栈时快于 Stack，在用作队列时快于 LinkedList。

8.5　集合工具类

Java 集合框架中还提供了两个非常实用的辅助工具类：Collection 和 Arrays。

（1）Collection 工具类提供了一系列静态方法，用于对集合中的元素进行排序、搜索、填充以及线程安全等各种操作。

Collections 工具类中常用的静态方法见表 8-1。

表 8-1　Collections 工具类中常用的静态方法

静态方法	功能描述
static <T> void copy(List<? super T> dest,List<? extends T> src)	将所有元素从一个列表复制到另一个列表
static <T> void fill(List<? super T> list, T obj)	使用指定元素替换指定列表中的所有元素
static <T extends Object & Comparable<? super T>> T max(Collection<? extends T> coll)	根据自然排序，返回给定集合的最大元素
static <T> T max(Collection<? extends T> coll, Comparator<? super T> comp)	根据指定的比较器排序，返回给定集合的最大元素
static <T extends Object & Comparable<? super T>> T min(Collection<? extends T> coll)	根据自然排序，返回给定集合的最小元素
static <T> T min(Collection<? extends T> coll, Comparator<? super T> comp)	根据指定的比较器排序，返回给定集合的最小元素
static <T extends Comparable<? super T>> void sort(List<T> list)	根据自然排序，对指定列表按升序进行排序
static <T> void sort(List<T> list, Comparator<? super T> c)	根据指定的比较器排序，对指定列表进行排序
static void swap(List<?> list, int i, int j)	在指定列表的指定位置处交换元素
static <T> Collection<T> synchronizedCollection(Collection<T> c)	返回线程安全支持同步的 Collection
static <T> List<T> synchronizedList(List<T> list)	返回线程安全支持同步的列表
static <K,V>Map<K,V> synchronizedMap(Map<K,V> m)	返回线程安全支持同步的映射
static <T> Set<T> synchronizedSet(Set<T> s)	返回线程安全支持同步的 Set

使用 Collections 工具类为集合进行排序时，集合中的元素必须是 Comparable（可比较的）。Java 提供一个 Comparable 接口，该接口中只有一个 compareTo()比较方法。如果一个类实现 Comparable 接口，则该类的对象就可以整体进行比较排序，这种排序方式被称为类的"自然排序"，compareTo()方法被称为"自然比较方法"。

下述代码（Person.java）定义一个 Person 类,该类实现 Comparable 接口,并重写 Comparable 接口中的 compareTo()比较方法。

【例 8-5】

```java
public class Person implements Comparable<Person> {   /*属性，成员变量 */

private String name;        //姓名
    private int age;        //年龄
    private String address;     //地址

    public Person(){        //默认构造方法
    }
    //构造方法
    public Person(String name,int age,String address){
        this.name = name;
        this.age = age;
        this.address =address;
    }
    /*方法，属性对应的获取和设置方法（get/set）*/
    public String getName(){
        return name;
    }
    public void setName(String name){
        this.name = name;
    }
    public int getAge(){
        return age;
    }
    public void setAge(int age){
        this.age = age;
    }
    public String getAddress(){
        return address;
    }
    public void setAddress(String address){
        this.address = address;
    }
    //重写 toString（）方法
    public String toString(){
        return "姓名："+ name +"，年龄："+ age +"，地址："+ address;
    }
    // 重写 Comparable 接口中的 compareTo()方法
    public int compareTo(Person p) {
        if (this.age < p.age) {         //小于
            return -1;
        } else if (this.age == p.age) { //等于
            return 0;
        } else {                //大于
            return 1;
```

```
      }
    }
  }
```

上述代码在重写 Comparable 接口中的 compareTo()方法时，根据年龄进行比较。当前对象小于、等于或大于指定对象时，分别返回负整数、零或正整数。

下述代码（CollectionsDemo.java—使用 Collections 工具类对 ArrayList 集合中的 Person 对象元素进行排序：

【例 8-6】

```java
import java.util.ArrayList;
import java.util.Collections;

public class CollectionsDemo {
  public static void main(String ages[]){
    ArrayList<Person> list = new ArrayList<>();
    list.add(new Person("张三", 13, "北京"));
    list.add(new Person("李四", 8, "上海"));
    list.add(new Person("王五", 50, "济南"));
    list.add(new Person("马六", 46, "烟台"));
    list.add(new Person("赵克玲", 35, "青岛"));
    for (Person e : list) {
      System.out.println(e);
    }
    Collections.sort(list);
    System.out.println("排序后：");
    for (Person e : list) {
      System.out.println(e);
    }
    System.out.println("年龄最大：" + Collections.max(list));
    System.out.println("年龄最小：" + Collections.min(list));

  }
}
```

上述程序的运行结果如图 8-6 所示。

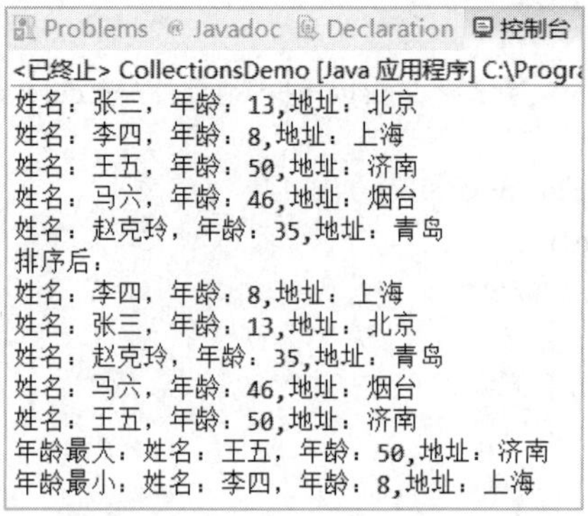

图 8-6 CollectionsDemo 的运行结果

（2）Arrays 工具类提供了针对数组的各种静态方法，例如：排序、复制、查找等操作。Arrays 工具类的常用方法见表 8-2。

表 8-2 Arrays 工具类的常用方法

方法	功能描述
static int binarySearch(Object[] a, Object key)	使用二分搜索法搜索指定数组，以获得指定对象
static <T> int binarySearch(T[] a, T key, Comparator<? super T> c)	使用二分搜索法搜索指定数组，以获得指定对象
static <T> T[] copyOf(T[] original, int newLength)	复制指定的数组，如有必要需截取或用 null 填充，以使副本具有指定的长度
static <T> T[] copyOfRange(T[] original, int from, int to)	将指定数组的指定范围复制到一个新数组
static void fill(Object[] a, Object val)	将指定的值填充到指定数组的每个元素
static int hashCode(Object[] a)	基于指定数组的内容返回哈希码
static void sort(Object[] a)	根据元素的自然顺序对指定数组进行升序排序
static < T > void sort (T[ ] a, Comparator <? super T> c)	根据指定比较器对指定数组进行排序
static String toString(Object[] a)	返回指定数组内容的字符串表示形式

例 8-7 使用 Arrays 工具类对对象数组进行排序。

【例 8-7】

```java
import java.util.Arrays;

public class ArraysDemo {
    public static void main(String ages[]){
        Person[] p = new Person[5];
        p[0] = new Person("张三", 13, "北京");
        p[1] = new Person("李四", 8, "上海");
        p[2] = new Person("王五", 50, "济南");
        p[3] = new Person("马六", 46, "烟台");
        p[4] = new Person("赵克玲", 35, "青岛");
        for (Person e : p) {
            System.out.println(e);
        }
        Arrays.sort(p);
        System.out.println("排序后：");
        for (Person e : p) {
            System.out.println(e);
        }
        System.out.println(Arrays.toString(p));
        Person[] copy = Arrays.copyOfRange(p, 1, 4);
        System.out.println("复制后：");
        for (Person e : copy) {
            System.out.println(e);
        }
    }
```

```
      }
   }
```
上述程序的输出如果如图 8-7 所示。

```
姓名：张三，年龄：13,地址：北京
姓名：李四，年龄：8,地址：上海
姓名：王五，年龄：50,地址：济南
姓名：马六，年龄：46,地址：烟台
姓名：赵克玲，年龄：35,地址：青岛
排序后：
姓名：李四，年龄：8,地址：上海
姓名：张三，年龄：13,地址：北京
姓名：赵克玲，年龄：35,地址：青岛
姓名：马六，年龄：46,地址：烟台
姓名：王五，年龄：50,地址：济南
[姓名：李四，年龄：8,地址：上海, 姓名：张三，年龄：13,地址：北京, 姓名：赵克玲，年龄：35,地址：青岛,
拷贝后：
姓名：张三，年龄：13,地址：北京
姓名：赵克玲，年龄：35,地址：青岛
姓名：马六，年龄：46,地址：烟台
```

图 8-7   ArraysDemo 的运行结果

8.6   贯穿项目（8）

项目引导：本章学习了泛型和集合。本贯穿项目把贯穿项目（4）的链表改成泛型模式（步骤一中），把贯穿项目（2）改成集合表示（步骤二中）。以下为具体步骤。

步骤一：

package ChatServer

```
public class Node<T>{
   T username = null;
   Node<T> next = null;
}


/***************/
package ChatServer

public class UserLinkList<T> {
   Node<T> root;
   Node<T> pointer;
   int count;
   public UserLinkList(){            //构造用户链表
      root = new Node<>();
      root.next = null;
      pointer = null;
      count = 0;
   }
   public void addUser(Node<T> n){   //添加用户
      pointer = root;
      while(pointer.next != null){
```

```
        pointer = pointer.next;
    }
    pointer.next = n;
    n.next = null;
    count++;
}
public void delUser(Node<T> n){      //删除用户
    pointer = root;
    while(pointer.next != null){
        if(pointer.next == n){
            pointer.next = n.next;
            count --;
            break;
        }
        pointer = pointer.next;
    }
}
public int getCount(){            //返回用户数
    return count;
}
    public Node<T> findUser(String username){      //根据用户名查找用户
    if(count == 0) return null;
    pointer = root;
    while(pointer.next != null){
        pointer = pointer.next;
        if(((String) pointer.username).equalsIgnoreCase(username)){
            return pointer;
        }
    }
    return null;
}
    public Node<T> findUser(int index){            //根据索引查找用户
    if(count == 0) {
        return null;
    }
    if(index <   0) {
        return null;
    }
    pointer = root;
    int i = 0;
    while(i < index + 1){
        if(pointer.next != null){
            pointer = pointer.next;
        }
        else{
            return null;
```

```
        }
        i++;
    }
    return pointer;
    }
}


/**************/
package ChatServer
public class ChatServer {
  @SuppressWarnings("unchecked")
  public static <T> void main(String[] args) {
    Node<T> name1 =new Node<>();
    Node<T> name2 = new Node<>();
    name1.username=(T) "圣贤之道";
    name2.username=(T) "为而不争";
    UserLinkList<T> user =new UserLinkList<T>();
    user.addUser(name1);
    user.addUser(name2);
    user.delUser(name1);
    System.out.println(user.getCount());
    System.out.println(user.findUser(0).username);
    System.out.println(((String) user.findUser("为而不争").username).equalsIgnoreCase("为而不争"));
    }
}
```

步骤二：

```
import java.util.LinkedList;
import java.util.List;
import java.util.Scanner;
public class ChatClient {
  public static void main(String[] args) {
    String s = new String();
    String str = new String();
    System.out.println("请输入您的用户名：");
    Scanner sc = new Scanner (System.in);
    str = sc.nextLine();
    System.out.println("您的用户名为："+ str);
    List<String> staff = new LinkedList<>();
    staff.add("张三");
    staff.add("李四");        //假设前面已有存储的用户信息
    staff.add(str);
    System.out.println("是否查看已注册用户姓名（yes/no）");
    s = sc.nextLine();
    if(s.equals("yes")) {
      for(String st : staff)
        System.out.print(st + " ");
```

```
        }
    else
        System.out.println("欢迎您的注册！");
    }
}
```
上述程序的运行结果如图 8-8 所示。

图 8-8　程序运行结果

8.7　本章小结

　　本章我们主要学习了泛型与集合。首先介绍了什么是泛型；接下来介绍了泛型通配符，泛型的有界类型以及泛型的限制；然后介绍了集合的概念；最后介绍了集合类以及集合工具类。通过本章学习，能让读者知道泛型的声明使用，理解泛型通配符、泛型的有界类型，了解泛型的限制，知道集合类中的几大接口及其使用方法。

第 9 章　异常处理与垃圾回收

 学习目标

本章学习下列知识:

- Java 的异常处理机制。
- try-catch 机制。
- finally 处理。
- throw 与 throws 抛出异常。
- Java 的垃圾回收机制。

使读者具备下列能力:

- 掌握 Java 的异常处理机制,正确处理 Java 程序可能出现的异常。
- 理解如何设计自己的方法,妥善处理自己方法里可能出现的异常。
- 掌握将无用的 Java 对象及时清理掉的技术。

9.1　异常处理机制

异常指的是程序运行时出现的非正常情况。在用传统的语言编程时,程序员只能通过方法的返回值来发出错误信息,这容易导致很多错误。在很多情况下需要知道错误产生的内部细节。通常,用全局变量 error 来存储"异常"的类型。这容易导致误用,因为一个 error 的值有可能在被处理之前被另外的错误覆盖掉。即使很完美的 C 语言程序,为了处理"异常"情况,也常使用 goto 语句。Java 对"异常"的处理是面向对象的。Java 的 Exception 是一个描述"异常"情况的对象。当出现"异常"情况时,一个 Exception 对象就产生了,并放到产生这个"异常"的成员方法里。

异常分为运行时异常和一般异常。在 Java 语言中,通常所说的异常是指程序运行过程中可能出现的非正常状态,即虚拟机的通常操作中可能遇到的异常,这是一种常见的运行错误。Java 编译器要求方法必须声明抛出可能发生的非运行时异常,但并不要求必须声明抛出未捕获的运行时异常。

在 Java 语言中,"异常"可以看作是一个类,异常类的根是 Throwable。Throwable 是类库 java.lang 包中的一个类,并派生出 Exception 类和 Error 类两个子类。Exception 类表示一种设计或实现问题。换句话说,若程序正常运行,不会出现此类异常。Error 类表示很难恢复的一种严重异常,如内存溢出,程序自身不可能处理此类异常。

下面分别介绍异常处理的 5 个控制关键字:try、catch、finally、throw 和 throws。

9.1.1　try-catch

try 语句用大括号{}指定了一段代码,该段代码可能会抛弃一个或多个例外。

catch 语句的参数类似于方法的声明，包括一个例外类型和一个例外对象。例外类型必须为 Throwable 类的子类，它指明了 catch 语句所处理的例外类型；例外对象则是运行时由系统在 try 所指定的代码块中生成并被捕获，大括号中包含对象的处理，其中可以调用对象的方法。

catch 语句可以有多个，分别处理不同类的例外。Java 运行时系统从上到下分别对每个 catch 语句处理的例外类型进行检测，直到找到类型相匹配的 catch 语句为止。这里，类型匹配指 catch 所处理的例外类型与生成的例外对象的类型完全一致或者是它的父类。因此，catch 语句的排列顺序应该是从特殊到一般。

也可以用一个 catch 语句处理多个例外类型，这时它的例外类型参数应该是这多个例外类型的父类，程序设计中要根据具体的情况来选择 catch 语句的例外处理类型。

Java 程序在运行的过程中，尽管系统能提供默认的异常处理程序，但人们通常喜欢自己处理异常。因为自己处理异常，第一，能够对错误进行修正；第二，能够防止程序自动终止。这样处理异常效果更好。

try 模块和 catch 模块是配套工作的，不能单独有 try 模块而没有 catch 模块（有时 try 模块可由 finally 模块代替），同样也不能没有 try 模块而直接出现 catch 模块。正常执行流程的代码放在 try 模块中，当程序出现异常时，抛出一个"异常事件"的信息，同时 Java Runtime 接受此"异常事件"并找出相应的 catch 模块来处理。其格式是：

```
try{
    正常执行流程的代码;
}
catch(异常类型　变量)
{
    //异常对象变量的处理
}
```

下面是一个简单的 try-catch 示例。

【例 9-1】

```
public class Arithmetic{
    public static void main(String arg[]){
        int a,b,c;
        try {
            a=10;
            b=0;
            c=a/b;
            System.out.println("正确执行到");
        }catch(ArithmeticException e){
            System.out.println("分母不能为零…\n"+e.toString());
        }
    }
}
```

上述程序的输出结果如图 9-1 所示。

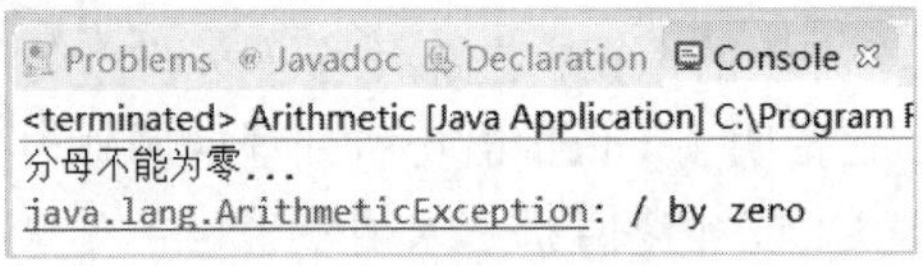

图 9-1　程序运行结果

若程序正常运行，则执行 try 模块代码；当程序出现异常，则执行 catch 模块的代码。如例 9-1 所示，程序出现异常，分母不能为零，因此执行 catch 模块中的代码。

注意：程序出现异常时能从 try 模块转到 catch 模块中，执行 catch 模块永远不会返回到 try 模块。

9.1.2　finally

finally 是 Java 异常处理提供的另一个关键字。通俗地说，finally 是异常处理语句结构的一部分，表示无论什么情况都要执行的模块。finally 语句的主要作用是在 try 或 catch 转到其他部分前做的一些"善后"工作。比如：关闭打开的文件，释放链接、内存等系统资源。

finally 语句的执行是一种无条件的操作，无论在哪种异常下都会执行。即使 try 或 catch 模块中有 continue，return，break 等关键字，或者是有 throw 语句，程序都会执行 finally 语句。

下面的例题 9-2 说明，即使含有 return 和 throw 异常处理，都将执行 finally 语句，程序如下所示。

【例 9-2】

```java
public class FinallyInstance {
    static void methodA() {
        try {
            System.out.println("我是 methodA");
        } finally {
            System.out.println("我是 methodA 的 fianlly");
        }
    }
    static void methodB() {
        try {
            System.out.println("我是 methodB");
            return;
        } finally {
            System.out.println("我是 methodB 的 fianlly");
        }
    }
    static void methodC() {
        try {
            System.out.println("我是 methodC");
            throw new RuntimeException("我是 throw 语句");
        } finally {
            System.out.println("我是 methodC 的 fianlly");
        }
    }
}
```

```
public static void main(String aeg[]) {
    try {
        methodC();
    } catch (Exception e) {
        System.out.println("在这里抛出异常");
    }
    methodA();
    methodB();
}
}
```

上述程序的运行结果如图 9-2 所示。

图 9-2 程序运行结果

在例 9-2 中，methodC 抛出了一个异常，过早地退出 try，退出后执行 finally 子句；methodA 没有错误，正常执行，但仍执行 finally 子句；methodB 的 try 语句通过一个 return 语句退出，finally 子句在 methodB()返回之前执行。

记住，如果 finally 块与一个 try 联系在一起，则一完成 try 就执行 finally 块。

9.1.3 throw 关键字

throw 总是出现在方法体中，用来抛出一个异常。程序会在 throw 语句后立即终止，它后面的语句执行不到，然后在包含它的所有 try 模块中（可能在上层调用方法中）从里向外寻找含有与其匹配的 catch 子句的 try 模块。

下面的例 9-3 是一个创建并引发异常的程序，与异常匹配的处理程序再把它引发给外层的处理程序。

【例 9-3】

```
public class ThrowDemo {
    static void demoproc() {
        try {
            throw new NullPointerException("demo");
        } catch(NullPointerException e) {
            System.out.println("Caught inside demoproc.");
            throw e;    //rethrow the exception
        }
    }
    public static void main(String args[]) {
        try {
            demoproc();
```

```
        } catch(NullPointerException e) {
            System.out.println("Recaught: " + e);
        }
    }
}
```

上述程序有两个机会处理相同的错误。main()方法设立了一个异常关系，调用 demoproc();demoproc()方法设立了另一个异常处理关系，并且立即引发一个新的 NullPointerException 实例，NullPointerException 在下一行被捕获，异常于是被再次引发。

上述程序的运行结果如图 9-3 所示。

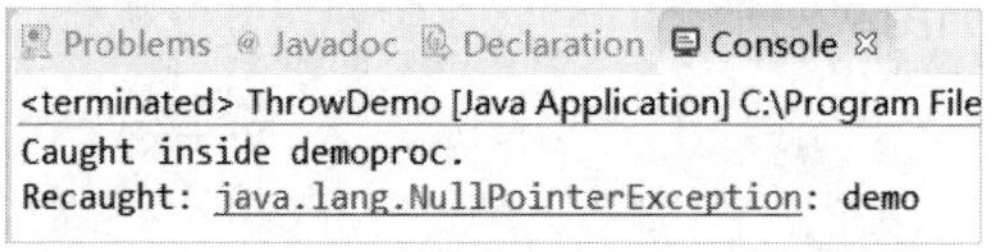

图 9-3　程序的运行结果

该程序还阐述了怎样创建 Java 的标准异常对象，特别注意下面这条语句：

throw new NullPonterExcepton("demo");

这里，new 用来构造一个 NullPointerException 实例。所有的 Java 内置的运行时异常有两个构造方法：一个没有参数，一个带有一个字符串参数。当用到第二种形式时，参数指定描述异常的字符串。如果对象用作 print()或 println()的参数，该字符串被显示。这同样可以通过调用 getMessage()来实现。getMessage()是由 Throwable 定义的。

9.1.4   throws 关键字

如果一个方法可以导致一个异常但不处理该异常，该方法必须指定这种行为以使方法的调用者可以保护它们自己而不发生异常。要做到这点可以在方法声明中包含一个 throws 子句。throws 总是出现在一个方法头中，用来标明该成员方法可能抛出的各种异常。对大多数 Exception 子类来说，Java 编译器会强迫你声明在一个成员方法中抛出的异常的类型。一个 throws 子句列举了一个方法可能引发的所有异常类型。这对于除 Error 或 RuntimeException 及它们子类以外类型的所有异常是必要的。一个方法可以引发的所有其他类型的异常必须在 throws 子句中声明。如果不这样做，将会导致编译错误。下面是包含一个 throws 子句的方法声明的通用形式：

```
type method-name(parameter-list) throws exception-list
{
    //body of method
}
```

这里，exception-list 是该方法可以引发的异常列表，中间以逗号分隔。

下面这段代码是一个不正确的例子。该程序试图引发一个它不能捕获的异常，因为程序没有指定一个 throws 子句来声明这一事实，所以程序将不会被编译。

```
class ThrowsDemo{
    static void throwOne() {
        System.out.println("Inside throwOne. ");
        throw new IllegalAccessException("demo")
```

```
        }
        public static void main(String args[]){
            throwOne();
        }
    }
```

如果想明确地抛出一个 RuntimeException，必须用 throws 语句来声明它的类型。为编译通过该程序，需要改变两个地方：①需要声明 throwOne()引发 IllegalAccessException 异常；②main()方法中必须定义一个 try-catch 语句来捕获该异常。

正确的程序如下所示：

【例 9-4】

```
public class ThrowsDemo {
    static void throwOne() throws IllegalAccessException {
        System.out.println("Inside throwOne.");
        throw new IllegalAccessException("demo");
    }
    public static void main(String args[]) {
        try {
            throwOne();
        } catch (IllegalAccessException e) {
            System.out.println("Caught:" + e);
        }
    }
}
```

上述程序的运行结果如图 9-4 所示。

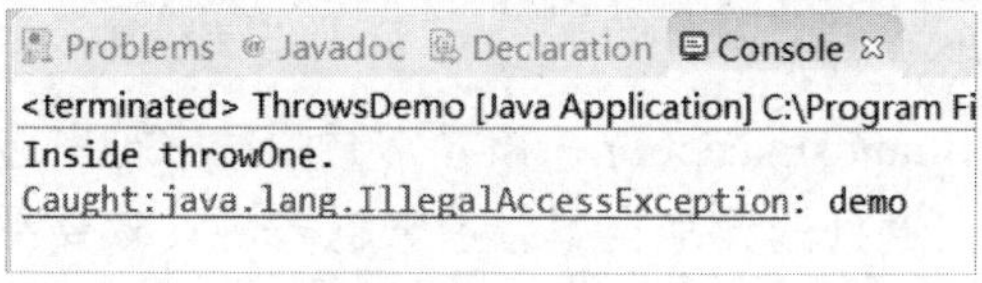

图 9-4　程序运行结果

9.1.5　正确处理异常

1．组合使用 throws、try 和 throw

我们可以通过两种方式恰当地处理异常：

（1）使用 try-catch-finally 块来处理异常。

（2）使用 throws 子句声明代码能引起的异常。

处理异常的思想是：尝试（try）执行一段代码，捕获（catch）所有可能抛出的异常，最后做一些清理工作。格式如下：

```
try
    //可能会引起的异常的程序段
} catch(ExceptionType e)
    //处理异常的程序段
}finally{
```

```
        //最后要做的清理工作
    }
```

可以有多个 catch 块，每一个都指定自己的 ExceptionType，它们的顺序为：从想捕获的特定异常到想捕获的异常的超类。试图首先捕获超类的异常会导致编译时出错。比如，把带有 Exception 类型的 catch 块放在带有 IOException 类型的 catch 块前面就会导致编译时出错。

这种程序的执行结果会有以下两种情况：

（1）执行完所有 try 中的内容，没有跳到任何一个 catch 中去。

（2）执行 try 的过程中产生某一种异常，然后跳到其中一个 catch 块中。

不管是哪一种情况，最后都会去执行 finally 块中的内容，这就是 finally 指令的用途。

2．异常的类型

熟悉常见的 Java 异常非常有用，这些异常类定义在与它们相关的包里。下面是一些经常见到的异常。

- ArithmeticException：在出现不合法的数学运算时发生，比如除数为零。
- ArrayIndexOutOfBoundsException：如果使用非法的索引值访问数组，就会抛出该异常，该异常说明索引要么是负值，要么大于或者等于该数组的大小。
- ClassNotFoundException：说明某类被调用，但是没有找到相应的类文件，或者该类名不正确，或者该类对程序无效。
- FileNotFoundException：访问一个文件时，必须准备处理该异常，因为创建了某文件并不意味着该文件存在。
- IOException：在读写文件时发生错误的信号，在使用流的方法时常常会遇到该异常。
- NullPointerException：调用使用 null 对象引用的方法，会见到该异常。
- NumberFormatException：将字符串转换为数字的时候，应该处理该异常，以防该字符串实际上不能代表为数字。
- StringIndexOutOfBoundsException：该异常试图在字符串边界外进行索引。

在以后的学习过程中，遇到的异常类型会越来越多，读者要不断地积累并总结。下面举例说明上述异常中几种典型的异常，在什么情况下会用到这些异常。

【例 9-5】

```java
class CustomerCareExecutive{      //定义接收客户数据类
    String Name;
    int Age;
    public void displayDetails(){      //显示数据函数
        System.out.println(Name);
        System.out.println(Age);
    }
}
public class ExceptionDemo{
    CustomerCareExecutive exObjects[];      //定义客户类对象数组
    public ExceptionDemo(){
        try{      //因为下面的某些语句可能会出现异常，所以用 try 括起来
            exObjects=new CustomerCareExecutive[3];
            for(int ctr=0;ctr<3;ctr++){
```

```
            exObjects[ctr]=new CustomerCareExecutive();        //产生空对象异常
        }
        exObjects[0].Name="Rodger";
        exObjects[0].Age= 23;
        exObjects[1].Name="Micier";
        exObjects[1].Age=Integer.parseInt("10+12");        //产生字符串转换为数字失败异常
        exObjects[2].Name="Lisa";
        exObjects[2].Age=16;
    }catch(NullPointerException e) {                        //对空对象指针的处理
        System.out.println("空指针异常！");
    }catch(NumberFormatException e){                        //对转换失败的处理
        System.out.println("字符串转换为数值异常！");
    }finally{
        System.out.println("最后处理！");
    }
}
public void displayCollection(){
    for(int ctr=0;ctr<3;ctr++){
        exObjects[ctr].displayDetails();        //注意，如果前面的对象数组为空，这里也会引发异常
    }
}
public static void main(String args[]){
    ExceptionDemo collectionObj;
    collectionObj=new ExceptionDemo();
    collectionObj.displayCollection();
    System.out.println("所有记录打印完成！");
    }
}
```

上述程序的运行结果如图 9-5 所示：

图 9-5　程序运行结果

在例 9-5 的程序中，如果我们把"exObjects=new CustomerCareExecutive[3]；"语句给注释掉，那么在 displayCollection()方法中也会出现异常。这种情况下程序的运行结果如图 9-6 所示：

图 9-6　程序运行结果

3. 不合适的异常使用方式

我们先来看以下一段代码：

```
1    OutputStreamWriter out=…
2    java.sql.Connection conn=…
3    try{
4        Statement stat=conn.createStatement();
5        ResultSet rs=stat.executeQuery(
6            "select uid, name from user");
7        whlle(rs.next())
8        {
9            out.println("ID:"+rs.getString("uid")
10               +"，姓名："+rs.getString("name"));
11       }
12       conn.close();
13       out.close();
14    }
15    catch(Exception ex)
16    {
17        ex.printStackTrace();
18    }
```

这段代码看上去是没什么错误，可是如果我们从编程规范上仔细看以上代码，就会发现有很多的问题。

（1）丢弃异常。代码 15～17 行，捕获了异常却不做任何处理，这是以后编程中我们要特别注意的。某些情况下这样书写是说得过去的，可是从真正意义上来说，调用一下 printStackTrace 算不上"处理异常"。调用 printStackTrace 对调试程序有帮助，但程序调试阶段结束之后，printStackTrace 就不应再在异常处理模块中担负主要责任了。

处理方法：

● 处理异常是针对该异常采取一些行动，例如修正问题、提醒某个人或进行其他一些处理，要根据具体的情形确定应该采取的动作。再次说明调用 printStackTrace 不是已经"处理好了异常"。

● 重新抛出异常。处理异常的代码在分析异常之后，认为自己不能处理它，重新抛出异常也不失为一种选择。

结论一：既然捕获了异常，就要对它进行适当地处理。不要捕获异常之后又把它丢弃，不予理睬。

（2）不指定具体的异常。代码 15 行，用一个 catch 语句捕获所有的异常，该语句就相当于说我们想要处理几乎所有的异常。在绝大多数情况下，这种做法不值得提倡。

结论二：在 catch 语句中尽可能指定具体的异常类型，必要时使用多个 catch。不要试图处理所有可能出现的异常。

（3）占用资源不放。代码 3～14 行，异常改变了程序正常的执行流程。这个道理虽然简单，却常常被人们忽视。如果程序用到了文件、Socket JDBC 连接之类的资源，即使遇到了异常，也要正确释放占用的资源。为此，Java 提供了一个简化这类操作的关键词 finally。

finally 的好处之一：不管是否出现了异常，finally 保证在 try/ catch/finally 块结束之前执行清理任务的代码总是有机会执行。遗憾的是有些人却不习惯使用 finally。

当然，编写 finally 块应当多加小心，特别是要注意在 finally 块之内抛出的异常。这是执行清理任务的最后机会，尽量不要再有难以处理的错误。

结论三：保证所有资源都被正确释放。充分运用 finally 关键词。

（4）不说明异常的详细信息。代码 3～18 行。仔细观察这段代码，如果循环内部出现了异常会发生什么事情。可以得到足够的信息判断循环内部出错的原因吗？不能。我们只能知道当前正在处理的类发生了某种错误，但却不能获得任何信息判断导致当前错误的原因。

结论四：在异常处理模块中提供适当的错误原因信息，组织错误信息使其易于理解和阅读。

（5）过于庞大的 try 块。代码 3～14 行。经常可以看到有人把大量的代码放入单个 try 块，实际上这不是好习惯。这种现象之所以常见，原因就在于有些人图省事，不愿花时间分析一大块代码中哪几行代码会抛出异常、异常的具体类型是什么。把大量的语句装入单个巨大的 try 块就像是出门旅游时把所有日常用品塞入一个大箱子，虽然东西是带上了，但要找出来可不容易。

一些初学者常常把大量的代码放入单个 try 块，然后再在 catch 语句中声明 Exception，而不是分离各个可能出现异常的段落并分别捕获其异常。这种做法为分析程序抛出异常的原因带来了困难，因为一大段代码中有太多的地方可能抛出 Exception。

结论五：尽量减小 try 块的体积。

（6）输出数据不完整。代码 7～11 行。不完整的数据是 Java 程序的隐形杀手。仔细观察这段代码，考虑一下如果循环过程中抛出了异常，会发生什么事情。循环的执行当然是要被打断的，其次，catch 块会执行，就这些，再也没有其他动作了。已经输出的数据怎么办?使用这些数据的人或设备将收到一份不完整的（因而也是错误的）数据，却得不到任何有关这份数据是否完整的提示。对于有些系统来说，数据不完整可能比系统停止运行带来的损失更大。较为理想的处置办法是向输出设备写一些信息，声明数据的不完整性；另一种有效的办法是，先缓冲要输出的数据，准备好全部数据之后再一次性输出。

结论六：全面考虑可能出现的异常以及这些异常对执行流程的影响。

通过上面的分析，下面给出修改后的代码。相对之前的代码有了比较完备的异常处理机制。修改后的正确代码如下：

```
OutputStreamWriter out=…
java.sql.Connection conn=…
try{
    Statement stat=conn.createStatement();
    ResultSet rs=stat.executeQuery("select uid, name from user");
    while(rs.next()){
     out.println("ID:"+rs.getString("uid"+",姓名: "+rs. getString("name")) ;
    }
}catch(SQLException sqlex){
    out.println("警告:数据不完整") ;
    throw new ApplicationException("读取数据时出现 SQL 错误",sqlex);
}catch(IOException ioex){
    throw new ApplicationException("写入数据时出现 IO 错误",ioex);
```

```
        }finally{
          if(conn!=null){
          try{
          conn.close();
            }catch(SQLException sqlex2){
          System.err(this.getClass().getName()+".mymethod-不能关闭数据库连接：  "+sqlex2.toString());
        }
        }
        if(out!=null){
          try{
            out.close();
           }catch(IOException ioex2){
          System.err(this.getClass().getName()+".mymethod-不能关闭输出文件"+ioex2.toString());
            }
          }
        }
```

当然，刚开始学习可能不容易书写这么严谨的代码，这里只是一个示范。在以后的学习过程中，读者要不断地积累经验，从而写出规范严谨的程序来。

9.2 垃圾回收

当对象被创建时，就会在 Java 虚拟机的堆区中拥有一块内存空间。在 Java 虚拟机的生命周期中，Java 程序会陆续地创建无数个对象，假如所有的对象都永久地占有内存，那么内存有可能很快被消耗光，最后引发内存空间不足的错误。因此必须采取一种措施来及时回收那些无用对象的内存，以保证内存可以被重复利用。

在一些传统的编程语言（如 C 语言）中，回收内存的任务是由程序本身负责的。程序可以显式地为自己的变量分配一块内存空间，当这些变量不再有用时，程序必须显式地释放变量所占用的内存。把直接操纵内存的权利赋给程序，尽管给程序带来了很多灵活性，但是也会导致以下弊端：程序员有可能因为粗心大意，忘记及时释放无用变量的内存，从而影响程序的健壮性；也有可能错误地释放核心类库所占用的内存，导致系统崩溃。

在 Java 语言中，内存回收的任务由 Java 虚拟机来担当，而不是由 Java 程序来负责。在程序的运行环境中，Java 虚拟机提供了一个系统级的垃圾回收器线程，它负责自动回收那些无用对象所占用的内存。这种内存回收的过程被称为垃圾回收（Garbage Collection）。

垃圾回收具有以下优点：

● 把程序员从复杂的内存追踪、监测和释放等工作中解放出来，减轻程序员进行内存管理的负担。

● 防止系统内存被非法释放，从而使系统更加健壮和稳定。

垃圾回收具有以下特点：

● 只有当对象不再被程序中的任何引用变量引用时，它的内存才可能被回收。

● 程序无法迫使垃圾回收器立即执行垃圾回收操作。

● 当垃圾回收器将要回收无用对象的内存时，先调用该对象的 finalize() 方法，该方法有可能使对象复活，导致垃圾回收器取消回收该对象的内存。

9.2.1　透视 Java 垃圾回收

Java 的堆是一个运行时数据区，类的实例（对象）从中分配空间。Java 虚拟机（JVM）的堆中存储着正在运行的应用程序所建立的所有对象，这些对象通过 new、newarray、anewarray 和 multianewarray 等指令建立，但是它们不需要程序代码来显式地释放方法如下：

- 命令行参数透视垃圾收集器的运行。
- 使用 System.gc() 可以不管 JVM 使用的是哪一种垃圾回收的算法，都可以请求 Java 的垃圾回收。

在命令行中有一个参数 -verbosegc 可以查看 Java 使用的堆内存的情况。它的格式如下：

java -verbosegc classfile

下面通过例 9-6 来说明。

【例 9-6】

```java
package chapter8;
class TestGc {
    public static void main(String[] args) {
        new TestGc();
        System.gc();
        System.runFinalization();
    }
}
```

在这个例子中，一个对象 TestGc 被创建，由于它没有被使用，所以该对象迅速地被回收。编译程序后，执行命令 Java -verbosegc TestGc 后的结果如图 9-7 所示。

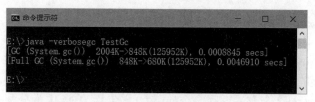

图 9-7　程序运行结果

结果说明，箭头前后的数据 848K 和 680K 分别表示垃圾收集前后所有存活对象使用的内存容量，说明有 848K-680K=168K 的对象容量被回收。括号内的数据 125952K 为堆内存的总容量，收集所需要的时间是 0.0046910 秒（这个时间在每次执行的时候会有所不同）。

9.2.2　finalize() 方法

在撤消一个对象时，有时需要完成一些操作。例如，如果一个对象正在持有某些非 Java 资源，如文件句柄或者是 Windows 字符字体，则要确保在对象被销毁之前释放这些资源。为处理这种情况，Java 提供了一种称为结束的机制（Finalization）。使用结束机制可以定义特殊的动作，这种动作在一个对象要被垃圾回收器收回时执行。

要给一个类添加一个结束器，只需要定义 finalize() 方法。无论何时要收回该类的对象，Java 运行时就调用该方法。在 finalize() 方法内要指定一个对象在被撤消前必须执行的动作。垃圾回收器定期运行，检查不再被任何运行状态引用的对象或间接地通过其他对象引用的对象。在释放内存前，Java 运行时调用该对象上的 finalize()方法。finalize()方法的一般形式如下：

```
protected void finalize()
{
    //这里是结束机制的代码
}
```

finalize()方法仅在垃圾回收器之前被调用。当一个对象在作用域外的时候，它不会被调用。这就意味着你不知道什么时候及是否会执行 finalize()方法。因此程序应该用其他方法来释放被对象使用的系统资源，而不能依靠 finalize()方法来完成程序的正常操作。

之所以要使用 finalize()，是由于有时需要采取与 Java 的普通方法不同的一种方法，通过分配内存来做一些具有 C 风格的事情。这可以通过"固有方法"来进行，它是从 Java 里调用非 Java 方法的一种方式。C 和 C++是目前唯一获得固有方法支持的语言。由于它们能调用通过其他语言编写的子程序，所以能够有效地调用任何东西。在非 Java 代码内部，也许能调用 C 的 malloc()系列函数，用它分配存储空间。而且除非调用了 free()，否则存储空间不会得到释放，从而造成内存"漏洞"的出现。当然，free()是一个 C 和 C++函数，所以我们需要在 finalize()内部的一个固有方法中调用它。也就是说我们不能过多地使用 finalize()，它并不是进行普通清除工作的理想场所。

显式地调用垃圾收集程序，分成如下两步：

（1）获取一个代表当前运行时的对象；

（2）调用这个对象的 gc()方法。

下面是上述步骤的一个程序片断：

```
Runtime rt=Runtime.getRuntime();
rt.gc();
```

Runtime 对象定义了四个方法：

● gc()：在这个方法返回前，JVM 已经执行了垃圾收集。

● runFinalization()：在这个方法返回前，JVM 已经为所有还没有运行 finalize()方法的等候垃圾收集的对象执行了 finalize()方法。

● totalMemory()：这个方法返回一个 int 值，它包括 JVM 中为分配对象所提供的可用内存总数。

● freeMemory()：这个方法返回一个 int 值，这个数值代表了剩余内存数目，该数值总是小于 totalMemory()的返回值。

当然直接调用 Sysetm.gc()方法也可以。

下面的例 9-7 向大家展示了垃圾收集所经历的过程，并对前面的陈述进行了总结。

【例 9-7】

```
class Chair {
    static boolean gcrun = false;
    static boolean f = false;
    static int created = 0;
    static int finalized = 0;
    int i;
    public Chair() {
```

```
      i = ++created;
      if (created == 47)
         System.out.println("Created 47");
   }

   protected void finalize() {
      if (!gcrun) {
         gcrun = true;
         System.out.println("在卖椅子之前已经制造了"+created+"把椅子.");
      }
      if (i == 47) {
         System.out.println("在销售到#47 号椅子的时候设置标志停止制造椅子。");
         f = true;
      }
      finalized++;
      if (finalized >= created)
         System.out.println("销售了" + finalized + "把椅子.");
   }
}

public class Carbage {
   public static void main(String[] args) {
      while (!Chair.f) {
         new Chair();
         new String("To take up space");
      }
      System.out.println("调用系统的 gc()方法，开始销售椅子：");
      System.gc();
      System.out.println("查看销售情况：\n" + "总共制作了" + Chair.created + "把椅子，总共卖出了"
         + Chair.finalized + "把椅子");
      System.out.println("调用系统的 runFinalization()方法：");
      System.runFinalization();
      System.out.println("退出程序…");
      System.runFinalizersOnExit(true);
   }
}
```

上述程序的运行结果如图 9-8 所示。

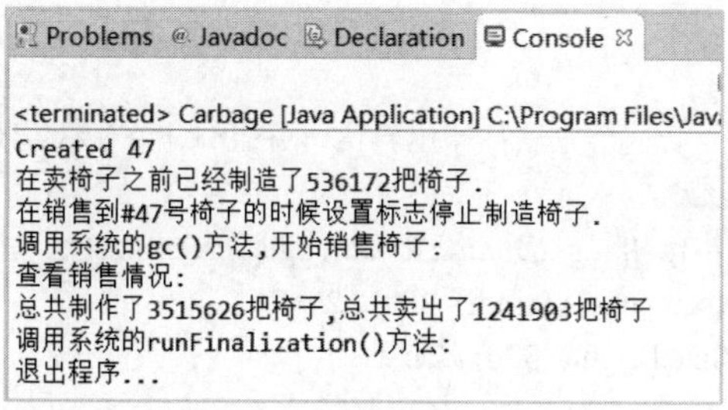

图 9-8　程序运行结果

上面这个程序创建了许多 Chair 对象，而且在垃圾收集器开始运行后的某些时候，程序会停止创建 Chair。实现作为商家制作椅子（Create Chair），然后销售椅子（Finalize Chair）的过程。

由于垃圾收集器可能在任何时间运行，我们不能准确知道它在何时启动。因此，程序用一个名为 gcrun 的标记来指出垃圾收集器是否已经开始运行。利用第二个标记 f，Chair 可告诉 main()它应停止对象的生成。这两个标记都是在 finalize()内部设置的，它调用于垃圾收集期间。另两个 static 变量 created 和 finalized 分别用于跟踪已创建的对象数量以及垃圾收集器已进行完收尾工作的对象数量。最后，每个 Chair 都有它自己的（非 static）int i，所以能跟踪了解它具体的编号是多少。编号为 47 的 Chair 进行完收尾工作后，标记会设为 true，最终结束 Chair 对象的创建过程。

在多数情况下，应该避免使用 finalize()方法，因为它会导致程序运行结果的不确定性。在某些情况下，finalize()方法可用来充当第二层安全保护网，当用户忘记显式释放相关资源时，finalize()方法可以完成这一收尾工作。尽管 finalize()方法不一定会被执行，但是有可能会释放资源，这总比永远不释放资源更安全。

9.3　贯穿项目（9）

项目引导：本章学习了异常处理。本贯穿项目是完善贯穿项目（6），在其中加入异常处理（以下为其中的部分代码）。

```java
package ChatClient;
import java.awt.*;
import javax.swing.*;
import java.awt.event.*;
public class Help extends JDialog {
    JPanel titlePanel = new JPanel();
    JPanel contentPanel = new JPanel();
    JPanel closePanel = new JPanel();
    JButton close = new JButton();
    JLabel title = new JLabel("聊天室客户端帮助");
    JTextArea help = new JTextArea();
    Color bg = new Color(255,255,255);
    public Help (JFrame frame) {
        super(frame, true);
        try {
            jbInit();
        }catch (Exception e) {
            e.printStackTrace();    //这个方法打印出异常，并且输出在哪里出现的异常
        }
        Dimension screenSize = Toolkit.getDefaultToolkit().getScreenSize();
        this.setLocation( (int) (screenSize.width - 400) / 2 + 25,
                (int) (screenSize.height - 320) / 2);
        this.setResizable(false);
    }
```

```java
    private void jbInit(){
      //其中代码省略详见贯穿项目（6）
    }
    public static void main(String[] args) {
      Help helpDialog = new Help(null);
      helpDialog.setVisible(true);    //显示窗体
    }
  }


  /**********************/
  package ChatClient;

  import java.awt.*;
  import javax.swing.*;
  import java.net.*;
  public class ChatClient extends JFrame{
    Image icon;
  public ChatClient(){
    icon = getImage("icon.gif");
    this.setIconImage(icon);
    this.setVisible(true);
  }
    /**通过给定的文件名获得图像*/
    Image getImage(String filename) {
      URLClassLoader urlLoader = (URLClassLoader)this.getClass().
      getClassLoader();
      URL url = null;
      Image image = null;
      url = urlLoader.findResource(filename);
      image = Toolkit.getDefaultToolkit().getImage(url);
      MediaTracker mediatracker = new MediaTracker(this);
      try {
        mediatracker.addImage(image, 0);
        mediatracker.waitForID(0);
      }catch (InterruptedException _ex) {
        image = null;
      }
      if (mediatracker.isErrorID(0)) {
        image = null;
      }
      return image;
    }
    public static void main(String[] args) {
      ChatClient app = new ChatClient();
    }
  }
```

上述程序的运行结果见贯穿任务（6）里的相应图。

9.4　本章小结

　　本章学习了异常处理。介绍了异常处理机制，以及垃圾回收。通过本章学习，读者可以正确使用异常处理以及了解垃圾回收的工作原理。本章是 Java 基础的一个完结，通过前面章节的学习，读者应该能够开发一些基础的简单程序了。接下来的学习是加深对 Java 的理解、巩固知识以及加深程序的复杂度和实用性，这是对 Java 高层次的理解与应用。

第 10 章　图形界面设计（AWT）

 学习目标

本章学习下列知识：

- AWT 包简介。
- Frame 类及其主要方法。
- 六个常用控件：Button, Label, TextField, List, Choice, Panel。
- 窗体布局（FlowLayout，BorderLayout，GridLayout 等）。
- 事件（按钮事件、窗体事件、鼠标事件）。
- 窗体绘制 paint()方法、update()方法、repaint()方法等。

使读者具备下述能力：

- 编写简单的窗体设计程序。
- 用布局管理器编写一个规范合理的窗体程序。
- 为窗体程序添加事件程序。
- 编写 QQ 登录程序。
- 编写 QQ 注册程序。
- 编写计算器程序。

10.1　图形界面设计简介

AWT（Abstract Window Toolkit，抽象窗口工具箱）是 SUN 公司自 Java 1.0 开始就提供的一个用于基本 GUI（图形用户界面）编程的类库。AWT 库包含了多种基本的界面控件类，可以使我们轻松地创建一个窗口，并且在其中添加按钮、文本框、列表等控件。下面介绍 AWT 库的基本知识。

AWT 主要是由以下三个部分组成：

- 组件（Components）。组件定义了所有的图形化界面元素及绘制方法，其中大多数组件是从抽象类 Comnonent 派生而来。
- 容器类（Containers）。容器类用于包含组件，也可以包含容器以便统一操作和管理。Frame 类是一个容器类，它可以包含按钮、标签等组件，也可以包含容器类如 Panel。Panel 类还可以包含其他的组件。容器类可以设定它所包含的组件的布局方式，这样就可以更灵活地安排组件的位置。当容器包含某个组件时，容器就是这个组件的父对象，而组件则是容器的子对象，这就是容器和组件的关系。
- 布局管理器（Layouts）。布局管理器用于规定用户接口的所有组件在屏幕上如何布置和怎样使界面做到与平台无关。布局管理器的种类有 FlowLayout、GridLayout、GridBagLayout、BorderLayout 和 CardLayout。

10.2 窗体框架 Frame 类

10.2.1 Frame 类简介

在 Java 中，习惯上称顶层窗口（没有包含在另一个窗口中的窗口）为框架（Frame）。它是一个由最大化按钮、最小化按钮、关闭按钮和框架名称所组成的一个框架运行界面。在 AWT 库中有 Frame 类与之相对应。在 Java 图形编程中，框架是最高层的，它是一个容器，所有的组件如按钮、文本框等都包含在这个容器中。

10.2.2 Frame 类的创建及主要方法

我们先编写一个程序，显示一个简单的框架，使读者对框架有一个比较直观的了解。

【例 10-1】

```java
import java.awt.Frame;
import java.awt.Color;
public class FrameApp{
    public static void main(String args[]){
        Frame frame=new Frame();
        frame.setSize(300,160);
        frame.setVisible(true);
    }
}
```

上述程序运行后，显示如图 10-1 所示的框架。

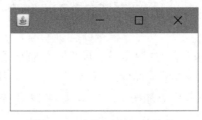

图 10-1   框架示例运行结果

先来分析一下上面的例子。

首先，为了能够使用 AWT 中的 Frame 类，必须导入名为 java. awt. Frame 的包，然后在主函数中使用 Frame 类来实例化一个对象，这样一个空的框架就创建好了。之后我们用框架对象的 setSize()方法设置该框架的长和宽，然而这样还不够，由于框架创建时并不是可见的，我们还要调用框架对象的 setVisible(true)方法，使之显示在屏幕上。这样当我们运行这段程序后，屏幕上就会出现一个空白的框架了。

上面的程序我们用到了 Frame 类的几个常用的方法。Frame 类还有很多其他的方法，如下所示：

- setBackground(Color c)方法，设置框架的背景色。
- setLocation(int a, int b)方法，设定框架出现在屏幕上的位置。
- setAlwaysOnTop(boolean b)方法，决定框架是否显示在最上层。

- setName(String str)方法，设置框架的名字。
- String getName()方法，获取框架的名字。
- setTitle(String str)方法，改变框架的标题。
- add(Component c)方法，添加组件到框架 Frame 中。
- setIconImage(Image i)方法，设置框架的图标。
- setResizable(boolean b)方法，设置框架的大小是否可以改变。
- hide()方法，隐藏框架使其不可见。

在了解了 Frame 框架的基本用法后，我们再通过下面的一个小程序，介绍 Frame 类中的几个常用方法。

【例 10-2】

```java
import java.awt.Frame;
import java.awt.Color;
public class MyFrame extends Frame{
    public MyFrame(){
        super();
        this.setTitle("这是一个框架");
        this.setBackground(Color.BLUE);
        this.setAlwaysOnTop(true);
        this.setResizable(false);
        this.setName("MyFrame");
        this.setLocation(200,200);
        this.setSize(400,150);
    }
    public static void main(String args[]){
        MyFrame myFrame=new MyFrame();
        myFrame.setVisible(true);
        System.out.println(myFrame.getName());
    }
}
```

上述程序的运行结果如图 10-2 所示。

图 10-2　框架示例运行结果

10.3　控件类

10.3.1　按钮控件 Button

按钮控件 Button 的使用是最简单的，只需要实例化 Button 类，并指定在按钮上出现的标签就行了（如果不想要标签，亦可使用默认标签，但这种情况极少）。

1. 构造函数

● Button()，创建一个按钮，按钮上的标签没有任何内容。

● Button(String label)，创建一个按钮，自定义按钮标签上的内容。

2. 常用方法

● setBackground(Color color)，设置按钮的背景色。

● setEnabled(Boolean b)，设置按钮是否可用。

● setFont(Font f)，设置按钮标签的字体。

● setForeground(Color color)，设置按钮的前景色。

● setLabel(String text)，设置按钮标签的内容。

● s etVisible(Boolean b)，设置按钮是否可见。

语句 Button button=new Button("ButtonLabel");将创建一个按钮。

可参照下面的程序为按钮创建一个对象，以便能够引用它来进行设置。Button 是一个类，在实例化 Button 之前，我们需要导入 java. awt. Button 包，然后创建按钮对象，并调用框架的 add()方法，将创建的 Button 对象添加到框架上。

【例 10-3】

```java
import java.awt.Frame;
import java.awt.Button;
public class ButtonApp extends Frame{
    Button button1;
    Button button2=new Button("Second");
    public ButtonApp(){
        super("按钮示例");
        //this.setLayout(new FlowLayout());
        button1=new Button();
        button1.setLabel("First");
        this.setSize(300,160);
        this.add(button1);
        this.add(button2);
    }
    public static void main(String args[]){
        ButtonApp buttonApp=new ButtonApp ();
        buttonApp.setVisible(true);
    }
}
```

上述程序的运行结果如图 10-3 所示。

图 10-3　按钮示例运行结果

值得注意的是，在上例的代码中我们加了一句"this. setLayout (new FlowLayout ( ))"，这里用到了布局管理器中的 FlowLayout 样式，关于"FlowLayout 样式"，我们会在以后的章节中详细介绍，此处我们只是使用。如果没有添加这句，运行程序的时候，我们会发现 Frame 中只有一个"Second"按钮填充了 Frame 的整个空间，其实在 JAVA 中，我们是靠"布局管理器"来决定容器中各个组件的位置，如果没有布局管理器的话，Frame 中就只会显示最后添加的组件。

10.3.2　标签控件 Label

标签控件 Label 也是一个很简单的控件，用于在 Frame 中显示一个文本标签，它的用法和 Button 类似。

1. 构造函数

- Label ()，创建一个标签，标签上没有任何文字。
- Label(String text)，创建一个标签，并且自定义标签上的文字。
- Label(String text,int alignment)，创建一个标签，并且自定义标签上的文字及对齐方向。

2. 常用方法

- setAlignment(int align)，设置标签文本的对齐方式。
- setBackground(Color color)，设置标签的背景色。
- setEnabled(Boolean b)，设置标签是否可用。
- setFont(Font f)，设置标签文本的字体。
- setForeground(Color color)，设置标签的前景色。
- setText(String text)，设置标签的内容。
- setVisible(Boolean b)，设置标签是否可见。

例 10-4 为标签示例，其中创建了三个标签控件。

【例 10-4】

```java
import java.awt.*;
public class LabelApp extends Frame{
    Label label1=new Label ();
    Label label2=new Label ("Second");
    Label label3=new Label ("Third",Label.RIGHT);
    public LabelApp (){
        super("标签示例");
        this.setLayout(new FlowLayout());

        label1.setText("First");
        label2.setAlignment(Label.CENTER);

        this.add(label1);
        this.add(label2);
        this.add(label3);
        this.setSize(300,160);
        this.setVisible(true);
    }
```

```
    public static void main (String [] args){
        new LabelApp ();
    }
}
```

上述程序的运行结果如图 10-4 所示。

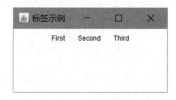

图 10-4   标签示例运行结果

10.3.3   文本域控件 TextField

文本域控件 TextField 用来创建一个文本域，允许编辑单行文本。

1. 构造函数
- TextField()，创建一个文本域。
- TextField(String text)，创建一个文本域，并且初始化其内容。
- TextField(String text,int columns)，创建一个文本域，有初始内容，并且可设置列数。
- TextField(int columns)，创建一个文本域，没有初始内容，可设置列数。

2. 常用方法
- setBackground(Color color)，设置标签的背景色。
- setColumns(int columns)，设置文本域的列数。
- setEditable(Boolean b)，设置文本域可否编辑。
- setEnabled(Boolean b)，设置文本域是否可用。
- setFont(Font f)，设置文本域文字的字体。
- setForeground(Color color)，设置文本域的前景色。
- setText(String text)，设置文本域的文本内容。
- setVisible(Boolean b)，设置文本域是否可见。

例 10-5 为文本域控件示例。

【例 10-5】

```
import java.awt.*;

public class TextFieldApp extends Frame{
    TextField textField1=new TextField ();
    TextField textField2=new TextField ("Second");
    TextField textField3=new TextField ("Third",10);
    TextField textField4=new TextField ();

    public TextFieldApp (){
        super("文本域示例");
        setLayout(new FlowLayout());
```

```
        textField3.setEditable(false);
        textField4.setText("Fourth");
        textField4.setEnabled(false);

        add(textField1);
        add(textField2);
        add(textField3);
        add(textField4);

        setSize(400,100);
        setVisible(true);
    }
    public static void main(String [] args){
        new TextFieldApp ();
    }
}
```

上述程序的运算结果如图 10-5 所示。

图 10-5 文本域控件示例运行结果

10.3.4 列表框控件 List

列表框控件 List 用来在 Frame 框架中显示一个列表框。

1. 构造函数
- List()，创建一个空列表框。
- List(int rows)，创建一个列表框，并指定行数。
- List(int rows, Boolean multipleMode)，创建一个列表框，指定行数，并指定是否使用多行选择模式。

2. 常用方法
- add(String item)，向列表框追加项目。
- add(String item,int index)，在列表框的 index 位置添加项目。
- addItem(String item)，同 add(String item)。
- addItem(String item, int index)，同 add(String item,int index)。
- clear()清除列表框的所有项目。
- int countItems()，返回 int 值，即返回列表框的项目总数。
- delItem(int index)，删除在列表框 index 位置的项目。
- delItems(int start,int end)，删除从列表框的 start 位置开始到 end 位置结束的所有项目。
- String getSelectedItem()，返回 String 值，返回一个选中的项目。
- String getSelectedItems()，返回 String[]数组，返回所有被选中的项目。

- removeAll()，清除列表框的所有项目。
- select(int index)，选中列表框 index 位置上的项目。
- setMultipleMode(Boolean b)，设置能否采用多行选择模式。

例 10-6 为列表框控件示例。

【例 10-6】

```java
import java.awt.*;
public class ListApp extends Frame{
  List list1=new List (6);
  List list2=new List (3);

  public ListApp (){
    super("列表框示例");
    setLayout(new FlowLayout());
    list1.add("First");
    list1.add("Second");
    list1.add("Third");
    list1.setMultipleMode(true);
    list2.add("Fourth");
    list2.add("Fifth");
    list2.select(1);
    add(list1);
    add(list2);
    setSize(300,160);
    setVisible(true);
  }
  public static void main (String [] args){
    new ListApp ();
  }
}
```

上述程序的运行结果如图 10-6 所示。

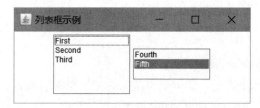

图 10-6   列表框控件示例运行结果

10.3.5   选择框控件 Choice

选择框控件 Choice 用来在 Frame 框架中显示一个选择框。

1. 构造函数

- Choice()，创建一个选择框。

2. 常用方法

- addItem(String item)，为选择框添加一个项目。
- String getItem(int index)，返回 String 值，返回选择框 index 位置的项目的文本标签。
- int getItemCount()，返回 int 值，返回选择框拥有的项目总数。
- String getSelectedItem()，返回 String 值，返回已选中的项目。
- insert(String item, int index)，在 index 位置上插入文本标签为 item 的项目。
- remove(int index)，删除 index 位置上的项目。
- removeAll()，删除所有项目。
- select(int index)，选中 index 位置上的项目。

例 10-7 为选择框控件示例。

【例 10-7】

```java
import java.awt.*;
public class ChoiceApp extends Frame{
    Choice c=new Choice();
    public ChoiceApp(){
        super("选择框示例");
        setLayout(new FlowLayout());
        c.addItem("First");
        c.addItem("Second");
        c.addItem("Third");
        c.addItem("Fourth");
        c.select(3);
        add(c);
        setSize(400,160);
        setVisible(true);
    }
    public static void main (String [] args){
        new ChoiceApp ();
    }
}
```

上述程序运行后，在窗体中单击下拉列表框会显示出列表内容，结果如图 10-7 所示。

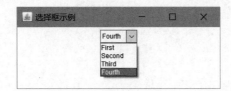

图 10-7 选择框控件示例运行结果

10.3.6 面板控件 Panel

面板控件 Panel 是 Java 中常用到的容器之一。Panel 可以让组件加入其中，还可以设置自己的布局管理器，再由这个管理器控制 Panel 中各个组件的位置及大小。有了这种特性，我们就可以通过在简单布局中加入 Panel 的方法，创造出更为复杂的布局。所以适当地利用 Panel

可以使版面设计更为简单。

1. 构造函数

● Panel()，建立一个 Panel，默认布局是 FlowLayout。

● Panel(LayoutManager layout)，建立一个 Panel，并且自定义布局管理器。

2. 常用方法

● add()，为面板添加其他控件，如 Button、Label 等。

● setLayout(LayoutManager mgr)，设置面板中组件的版面。

其他方法和 Frame 的类似。

例 10-8 为面板控件示例。

【例 10-8】

```java
import java.awt.*;
public class PanelApp extends Frame{
    Panel panel1=new Panel(new FlowLayout());
    Panel panel2=new Panel(new FlowLayout());
    Label label1=new Label("姓名：");
    Label label2=new Label("密码：");
    TextField textField1=new TextField(12);
    TextField textField2=new TextField(12);
    public PanelApp(){
        super("面板示例");
        this.setLayout(new GridLayout(2,1));

        panel1.add(label1);
        panel1.add(textField1);

        panel2.add(label2);
        panel2.add(textField2);
        this.add(panel1);
        this.add(panel2);
        this.setSize(300,160);
        this.setVisible(true);
    }
    public static void main(String args[]){
        new PanelApp();
    }
}
```

上述程序的运行结果如图 10-8 所示。

图 10-8　面板控件示例运行结果

在例 10-8 中，我们用到了两个面板，每个面板中包含一个 Label 控件和一个 TextField 控件。另外我们用到了 GridLayout 布局，在后面的小节中我们会对其做详细解释，此处我们只要知道这是窗体布局中的一种就行了。

10.4　窗体布局

10.4.1　为什么要使用布局管理

在最初接触 Java 时，大家就应该了解到 Java 语言是跨平台的语言，而不同的平台对图形界面的管理也是不尽相同的，所以如果我们采用绝对定位的方法管理 Java 图形界面的布局，那么这个界面就会在某些环境下变得支离破碎。Java 的开发人员当然会考虑到这个问题，他们提出的解决方案就是预先定义若干种布局，再依靠这些基本布局的组合，创造出更为复杂的布局方式。这样，我们开发的应用程序的版面就不会因为应用在不同的操作平台下而变得混乱。这就是我们要讲的布局管理。

10.4.2　三种常用的布局

1. FlowLayout 布局

在本章的例 10-3 中已经在使用布局管理来布局我们的控件了，那就是 FlowLayout 布局。FlowLayout 布局是一个相当简单的排列方法，形如其名 FlowLayout，就如同流水一般，将加入其中的组件一个接着一个从左往右依次排列下去。若组件个数太多，多到无法只用一行显示时，FlowLayout 布局管理器会自动将组件向下一行排列。要使用 FlowLayout 这种布局，只要在容器中设置使用 FlowLayout 这种布局管理器即可。其构造函数如下：

- FlowLayout()，建立一个新的 FlowLayout，此 FlowLayout 默认为居中对齐，而且组件彼此之间有 5 单位的水平与垂直间距。
- FlowLayout(int align)，建立一个新的 FlowLayout，此 FlowLayout 可设置排列方式，而且组件彼此之间有 5 单位的水平与垂直间距。
- FlowLayout(int align, int hgap, int vgap)，建立一个新的 FlowLayout，此 FlowLayout 可设置排列方式与组件间距。

FlowLayout 类的后两个构造函数均有参数，其中参数 align 可以设定 FlowLayout 布局中的组件按什么方向排列。FlowLayout 共有五种排列方式，依次是：CENTER（默认值）、LEFT、RIGHT、LEADING 和 TRAILING。

例 10-9 为 FlowLayout 布局示例。

【例 10-9】

```
import java.awt.*;
public class FlowLayoutApp extends Frame{
    Button buttonLeft=new Button("左按钮");
    Button buttonCenter=new Button("中间按钮");
    Button buttonRight=new Button("右按钮");
    public FlowLayoutApp(){
        super("FlowLayout 示例");
```

```
    this.setLayout(new FlowLayout());
    this.add(buttonLeft);
    this.add(buttonCenter);
    this.add(buttonRight);
    this.setSize(400,100);
    this. setVisible(true);
  }
  public static void main(String args[]){
    new FlowLayoutApp();
  }
}
```

上述程序的运行结果如图 10-9 所示。

图 10-9　FlowLayout 布局示例运行结果

此时如果改变窗体的大小，会发现按钮的排列方式也会随之改变，如图 10-10 所示。

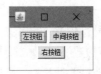

图 10-10　改变窗体大小的运行结果

2. GridLayout 布局

GridLayout 比 FlowLayout 多了行和列的设置。也就是说你要先设置 GridLayout 共有几行几列，就如同一个二维平面一般，首先 GridLayout 布局中填充第一行的组件，然后再从第二行开始填。依此类推，就像是填充一个个格子一般，而且 GridLayout 布局管理器会将填进去的组件设置为一样大小。其构造函数如下：

- GridLayout()，建立一个新的 GridLayout 布局，默认值为一行一列。
- GridLayout(int rows,int cots)，建立一个指定了几行几列的 GridLayout 布局。
- GridLayout(int rows,int cols,int hgap,int vgap)，建立一个指定了几行几列的 GridLayout 布局，并设置组件的垂直和水平间距。

例 10-10 为 GridLayout 布局示例。

【例 10-10】
```
import java.awt.*;
public class GridLayoutApp extends Frame{
  Button button11=new Button("第一行第一列");
  Button button12=new Button("第一行第二列");
  Button button21=new Button("第二行第一列");
  Button button22=new Button("第二行第二列");
  public GridLayoutApp(){
    super("GridLayout 示例");
```

```
    this.setLayout(new GridLayout(2,2));
    this.add(button11);
    this.add(button12);
    this.add(button21);
    this.add(button22);
    setSize(400,160);
    setVisible(true);
  }
  public static void main(String args[]){
    new GridLayoutApp();
  }
}
```

上述程序的运行结果如图 10-11 所示。

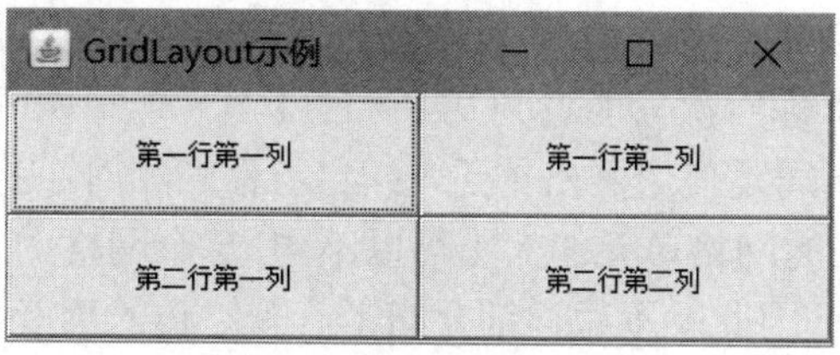

图 10-11　GridLayout 布局示例运行结果

3.　BorderLayout 布局

BorderLayout 将版面划分成东、西、南、北、中五个区域，若想将组件放在这五个区域中，只要在容器中设置使用 BorderLayout 这种版面管理即可。其构造函数如下：

- BorderLayout()，建立一个组件间没有间距的 BorderLayout 布局。
- BorderLayout(int hgap,int vgap)，建立一个组件间有间距的 BorderLayout 布局。

例 10-11 为 BorderLayout 示例。

【例 10-11】

```
import java.awt.*;
public class BorderLayoutApp extends Frame{
  Button buttonNorth=new Button("北边");
  Button buttonWest=new Button("西边");
  Button buttonSouth=new Button("南边");
  Button buttonEast=new Button("东边");
  Button buttonCenter=new Button("中间");
  public BorderLayoutApp(){
    super("BorderLayout 示例");
    this.setLayout(new BorderLayout());
    this.add(buttonNorth,BorderLayout.NORTH);
    this.add(buttonWest,BorderLayout.WEST);
    this.add(buttonSouth,BorderLayout.SOUTH);
    this.add(buttonEast,BorderLayout.EAST);
    this.add(buttonCenter,BorderLayout.CENTER);
    setSize(400,160);
    setVisible(true);
```

```
    }
    public static void main(String args[]){
        new BorderLayoutApp();
    }
}
```

上述程序的运行结果如图 10-12 所示。

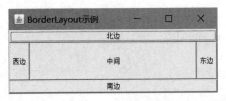

图 10-12   BorderLayout 布局示例运行结果

　　另外还有两种布局：CardLayout 布局和 GridBagLayout 布局。CardLayout 布局的功能就如同将很多张卡片叠在一起，你一次只能看到其中一张卡片，但是你可以任意抽出其中一张卡片来看。而 GridBagLayout 布局是使用网格单元，指定组件的相对布置，即在一个网格的单元中指定它们的位置，每个组件的网格单元的大小可以不同，每个网格的每一行可以有不同的列数。由于这两种布局不太常用，因此就不做详细介绍了，有兴趣的读者可以自己学习一下。

10.5   事件

10.5.1   Java 事件的处理机制

　　在上面的程序中，单击界面上的按钮后不会触发任何事件。如果想在单击按钮时，实现一定的功能，就必须进入程序内部，编写用于决定要发生什么事情的代码。这就要用到 Java 的事件处理机制。在事件的处理过程中，主要涉及三个对象：

- Event——事件，用户对界面的操作在 Java 语言中的描述，以类的形式出现，例如键盘操作对应的事件类是 KeyEvent。
- Event Source——事件源，事件发生的场所，通常就是各个组件，例如按钮 Button。
- Event handle——事件处理者，接收事件并对其进行处理的对象。

　　Java 的事件处理是采取"委派事件模型"（也称为观察者模式）。所谓的"委派事件模型"是指当事件发生时，产生事件的对象（即事件源）会把此信息传给"事件聆听者"（处理的一种方式），而这里所指的"事件对象"事实上就是 Java. awt. event 事件类库里某个类所创建的对象，我们暂且把它称为"事件对象"。

　　例如，当单击按钮时会触发一个"操作事件"，Java 会产生一个"事件对象"来表示这个事件，然后把这个"事件对象"传递给"事件聆听者"，最后"事件聆听者"依据"事件对象"的种类把工作指派给事件的处理者。在这个范例里，按钮就是一个 Event Source，也就是事件源。

　　下面从按钮事件讲起，逐步介绍 Java 的事件处理机制。

10.5.2　按钮事件

先看一个简单的例子。

【例 10-12】

```java
import java.awt.*;
import java.awt.event.ActionEvent;
import java.awt.event.ActionListener;
public class ButtonEventApp extends Frame{
    Button myButton=new Button("测试按钮");
    public ButtonEventApp(){
        super("Button 事件示例");
        myButton.addActionListener(new MyEvent());
        this.add(myButton);
        setSize(350,120);
        setVisible(true);
    }
    public static void main(String args[]){
        new ButtonEventApp();
    }
}
class MyEvent implements ActionListener{
    public void actionPerformed(ActionEvent e){
        System.out.println("Button 事件处理测试…");
    }
}
```

下面分析例 10-12 的代码。

导入 java. awt. event. ActionEvent 包，用来生成对"产生事件的对象"进行操作需要传递的信息。

导入 java. awt. event. ActionListener 包，ActionListener 是一个接口，实现这个接口的类就是"事件聆听者"。

将"事件聆听者"，也就是实现了 ActionListener 接口的"MyEvent"类注册在"产生事件的对象"myButton 上。这个过程也叫"加载事件监听，实现 ActionListener 接口的类即是事件监听器。

MyEvent 类实现 ActionListener 接口，用来接收"产生事件的对象"传递来的信息，以实现 ActionListener 接口的 actionPerformed(ActionEvent e)方法，由参数 e 接收事件信息，然后对传入的事件信息进行处理。

执行上面这个程序，执行过程中 MyEvent 类会对按钮 myButton 进行注册。当你按下按钮时，Java 会产生一个"事件对象"ActionEvent，按钮则会把这个对象传递给向它注册的"事件聆听者"即 MyEvent 类，MyEvent 类就会依据事件对象的种类把工作指派给"事件处理者"。在本程序中，"事件处理者"就是 actionPerformed(ActioEvent e)方法。

上述程序的运行结果如图 10-13 所示。

图 10-13　Button 事件示例的运行结果

当单击"测试按钮"按钮时，控制台上会打印出程序中指定的字符串，如图 10-14 所示。

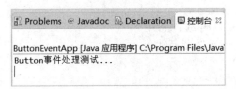

图 10-14　控制台打印出指定字符串

此处我们只是简单地输出了一个字符串，读者可以自己试着输出对象等其他内容。
ActionListener 接口也可以在同一个类中实现。下面来实现登录验证的程序框架。

【例 10-13】

```java
import java.awt.*;
import java.awt.event.ActionEvent;
import java.awt.event.ActionListener;

public class LoginEventApp extends Frame implements ActionListener{
    Panel p1=new Panel();
    Panel p2=new Panel();
    Panel p3=new Panel();

    Label userName=new Label("姓名：");
    Label passWord=new Label("密码：");
    TextField text1=new TextField(12);
    TextField text2=new TextField(12);

    Button login=new Button("登录");
    Button cancel=new Button("取消");
    public LoginEventApp(){
        super("登录验证示例");
        this.setLayout(new GridLayout(3,1));
        login.addActionListener(this);
        cancel.addActionListener(this);

        p1.add(userName);
        p1.add(text1);
        p2.add(passWord);
        p2.add(text2);
        p3.add(login);
        p3.add(cancel);
```

```
        this.add(p1);
        this.add(p2);
        this.add(p3);
        this.setSize(350,180);
        this. setVisible(true);
    }
    public static void main(String args[]){
        new LoginEventApp();
    }
    public void actionPerformed(ActionEvent e) {
        if(e.getSource()==login){
            String s1=this.text1.getText();
            String s2=this.text2.getText();
            if(s1.equals("")||s2.equals("")){
                System.out.println("请填写完整信息…");
            }else if(s1.equals("admin")&&s2.equals("123456")){
                System.out.println("登录成功！");
            }else
                System.out.println("登录失败！");
        }
        if(e.getSource()==cancel){
            System.out.println("退出程序…");
            System.exit(0);
        }
    }
}
```

下面分析例 10-13 的代码。同例 10-12 相比，我们另外又用到了一个 getSource()方法，很明显此方法返回触发事件的组件对象。

程序运行后，我们在窗体中输入姓名"admin"，密码"123456"，结果如图 10-15 所示。

图 10-15　登录验证示例程序的登录界面

单击"登录"按钮，则控制台上输出"登录成功！"；若输入的姓名和密码不对，则提示"登录失败！"；如果单击"取消"按钮，则退出程序，如图 10-16 所示。

图 10-16　登录验证示例的运行结果

10.5.3　窗体事件

用户改变窗口的状态，比如最大化、最小化或者关闭等，会触发窗体事件。窗体事件的构造函数是 WindowEvent(Window source,int id)，其中 source 表示触发此事件的窗体，id 表示事件代码。

下面列举了窗体事件代码常量以及它们的含义。

- WINDOW_CLOSED：表示窗口被关闭。
- WINDOW_CLOSING：表示窗口处于关闭过程中。
- WINDOW_DEICONIFIED：表示窗口由最小化恢复为原来大小。
- WINDOW_ICONIFIED：表示窗口被最小化。

可以通过 getWindow()方法或者 getSource()方法返回产生事件的窗口，但是如果采用 getSource()方法，返回的结果需要转换为 Window 类型。

例 10-14 为窗体事件示例。

【例 10-14】

```java
import java.awt.*;
import java.awt.event.*;

public class WindowEventApp extends Frame implements WindowListener{
    public WindowEventApp(){
        super("窗体事件示例");
        this.setSize(180,160);
        this. setVisible(true);
    }
    public static void main(String args[]){
        WindowEventApp winapp=new WindowEventApp();
        winapp.addWindowListener(winapp);
    }
    public void windowClosing(WindowEvent e) {
        //为了使窗口能正常关闭，程序正常退出，需要实现 windowClosing 方法
        System.exit(1);
    }
    //对不感兴趣的方法可以使方法体为空
    public void windowOpened(WindowEvent e) {}
    public void windowClosed(WindowEvent e) {}
    public void windowIconified(WindowEvent e) {}
    public void windowDeiconified(WindowEvent e) {}
    public void windowActivated(WindowEvent e) {}
    public void windowDeactivated(WindowEvent e) {}
}
```

运行程序后，当单击窗体中的关闭按钮时可以退出程序。

10.5.4　鼠标事件

要处理鼠标事件必须直接或间接地实现 MouseListener 或者 MouseMotionListener 接口，鼠

标事件类中有以下几种重要的方法。

getX()，getY()：获取鼠标指针的坐标位置。

getClickCount ()：获取鼠标被单击的次数。

鼠标事件监听器 MouseListener 中共有 5 种方法：按下鼠标、释放鼠标、单击鼠标、鼠标进入以及鼠标退出。

- MousePressed(MouseEvent e)负责处理鼠标按下的事件。
- MouseReleased(MouseEverit e)负责处理鼠标释放事件。
- MouseEntered(MouseEvent e)负责处理鼠标指针进入容器事件。
- MouseExited(MouseEvent e)负责处理鼠标离开事件。
- MouseClicked(MouseEvent e)负责处理鼠标单击事件。

另外在 MouseMotionListener 监听器中还有两个常用的方法：

- MouseDragged(MouseEvent e)负责处理鼠标拖动事件。
- MouseMoved(MouseEvent e)负责处理鼠标移动事件。

例 10-15 演示了捕获鼠标在窗体中移动的位置。

【例 10-15】

```java
import java.awt.*;
import java.awt.event.*;

public class MouseEventApp extends Frame implements MouseMotionListener{
    Panel p1=new Panel();
    Panel p2=new Panel();

    Label mouseX=new Label("X 坐标： ");
    Label mouseY=new Label("Y 坐标： ");

    TextField text1=new TextField(12);
    TextField text2=new TextField(12);
    public MouseEventApp(){
        super("鼠标事件示例");
        this.setLayout(new GridLayout(2,1));
        p1.addMouseMotionListener(this);
        p2.addMouseMotionListener(this);
        p1.add(mouseX);
        p1.add(text1);
        p2.add(mouseY);
        p2.add(text2);
        this.add(p1);
        this.add(p2);
        this.setSize(300,180);
        this.setVisible(true);
    }
    public static void main(String args[]){
        MouseEventApp mouseapp=new MouseEventApp();
```

```
    }
    public void mouseDragged(MouseEvent e)    {
        this.text1.setText(e.getX()+"");
        this.text2.setText(e.getY()+"");
        System.out.println("X 坐标："+e.getX()+"\tY 坐标："+e.getY());
    }
    @Override
    public void mouseMoved(MouseEvent arg0) {
        // TODO 自动生成的方法存根
    }
}
```

上述程序的运行结果如图 10-17 所示。

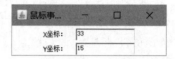

图 10-17　鼠标事件示例运行结果

当鼠标在窗体中不停移动的时候，窗体中 X 坐标、Y 坐标后的 TextField 中的文本会不停地发生变化，控制台也在不停地输出捕获到的鼠标的坐标位置，如图 10-18 所示。

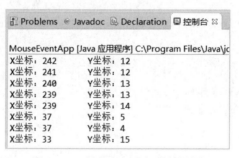

图 10-18　捕获鼠标坐标的效果图

10.6　窗体绘制

10.6.1　绘图概述

一般来说，绘图是指在 Frame、Applet、JFrame 和 JApplet 等程序主窗口上进行直线、矩形、多边形、椭圆形以及文字的绘制和进行封闭区域的颜色填充等操作。

AWT 的绘图机制主要涉及三个方法：

● paint()方法进行绘图的具体操作，可以通过重载此方法来实现图形绘制。
● update()方法用于更新图形，先清除背景、前景，然后再调用 paint()方法。
● repaint()方法用于重绘图形，在组件外形发生变化，即大小改变或位置移动时，repaint()方法立即被系统自动调用，实际上 repaint()方法是自动调用 update()方法的。

update()方法和 paint()方法都有一个 Graphics 类参数，所以 Graphics 是画图的关键，它可以支持两种绘图：一种是基本的绘图，如画线、矩形、圆等；一种是画图像，主要用于动画制作。

　　另外为了实现绘图功能，Java 还提供了 Graphics2D 类，它是 Graphics 类的扩充子类。在实际应用中，可以在 paint()方法中简单地将方法参数 Graphics 对象的类型转换为 Graphics2D 对象，从而可以利用 Graphics2D 类所提供的更为丰富的 2D 绘图方法来进行图形处理。

10.6.2　三种绘图方法

1．paint() 方法

paint()方法在 Component 类中定义。当同样继承 Component 类的 GUI 对象需要绘图时，Graphics 类的对象 g 会自动传给 paint()方法。作为 paint()方法的参数传进来的 Graphics 对象是一个绘图面板。可以通过重载此方法来定制组件的绘制方式。代码段如下：

```
public void paint(Graphics g){
    super.paint(g);
    g.drawString("这是一个字符串...", 50, 100);
}
```

以上代码用的是 drawString(String, int, int)方法，即在窗体上以坐标（50,100)为起始位置绘制字符串。

　　在 Graphics 类中提供了很多的绘图方法，比如：

- void drawLine(int xl,int yl,int x2,int y2)，此方法在点(xl,yl)到点(x2,y2)之间画出一条线段，该线段宽度为一个像素。
- void drawRect(int x,int y,int width,int height)，该方法用于绘制标准的矩形。参数 x、y 指定矩形左上角（顶点）的位置，参数 width、height 用来指定矩形的宽度和高度。
- void fillRect(int x,int y,int width,int height)，该方法用黑色绘制并填充一个标准矩形，其参数意义与 drawRect()方法相同。

　　另外还有很多的方法，我们在此就不一一列举了。读者可以在课外把其他的方法总结出来进行探讨。

2．update()方法

update()方法用于更新组件，AWT 调用该方法以响应对 repaint()的调用。在调用 update()或 paint()方法之前，组件的外观将不会发生改变。update()更新组件的步骤为：通过填充组件的背景色来清除该组件；然后设置图形上下文（其原点为该组件的左顶点）的颜色为该组件的前景色；最后调用 paint()方法完整地重绘该组件。参考代码如下：

```
public void update(Graphics g){
    this.paint(g);
}
```

注意：update()方法一般和 paint()方法以及 repaint()方法结合起来使用。

3．repaint()方法

我们用 paint()方法绘图后，有可能要修改画面，这时必须调用 repaint()方法。repaint()方法分两步执行：先执行 update()方法清除画面，再调用 paint ()方法对组件进行重绘。

repaint()方法有四个重载方法：

- repaint()，调用没有参数的 repaint()方法，立即对组件进行重绘。

- repaint(int x,int y,int width,int height)，参数 x、y 表示重绘区域的顶点坐标，width 表示这个区域的宽，height 表示这个区域的高。调用这个方法立即对指定的区域（由参数控制）进行重绘。
- repaint(long tm)，调用这个方法将在 tm 毫秒之内对组件进行重绘，参数 tm 表示延迟时间。
- repaint(long tm,int x,int y,int width,int height)，调用这个方法将在 tm 毫秒之内对组件的指定区域进行重绘。

repaint()方法一般在事件中（比如某个变量发生变化需要重新绘制）直接调用即可。如：

```java
public void mouseClicked(MouseEvent e) {
    this.repaint();
}
```

10.6.3 绘图示例

下面综合上述的三种绘图方法做一个用鼠标在窗体中画线的程序，让读者体会一下 AWT 中的窗体绘图。

【例 10-16】

```java
import java.awt.*;
    import java.awt.event.*;
    import java.awt.event.MouseListener;
    import java.awt.event.MouseMotionListener;
    public class DrawLineApp extends Frame implements MouseListener, MouseMotionListener{
    int startX,startY;          //定义画图的起点 x 和 y 坐标
    int endX,endY;              //定义画图的终点 x 和 y 坐标
    boolean drawing=false;      //定义是否要画图的判断变量
    public DrawLineApp(){
        super("鼠标画线");
        this.addMouseListener(this);
        this.addMouseMotionListener(this);
        this.setSize(350,200);
        this.setVisible(true);
    }
    public void paint(Graphics g){
        g.drawLine(startX,startY,endX,endY);
    }
    public void update(Graphics g){
        this.paint(g);
    }
    public static void main(String args[]){
        new DrawLineApp();
    }
    public void mousePressed(MouseEvent e) {}
    public void mouseReleased(MouseEvent e) {
        this.drawing=true;
    }
```

```
        public void mouseDragged(MouseEvent e) {
            if(drawing){
                this.endX=e.getX();
                this.endY=e.getY();
                this.repaint();
                this.startX=e.getX();//当前点作为起始点
                this.startY=e.getY();
            }}
        public void mouseEntered(MouseEvent e)    {}
        public void mouseExited(MouseEvent e)    {}
        public void mouseClicked(MouseEvent e)      {}
        public void mouseMoved(MouseEvent e) {}
}
```

下面分析一下例 10-16 的代码。

首先定义五个变量：int startX 和 startY 用来定义画图起点的 X 和 Y 坐标；endX 和 endY 用来定义画图终点的 X 和 Y 坐标；drawing 判断是否要画图。

然后添加鼠标事件（MouseListener 和 MouseMotionListener），只需要在三个鼠标事件中实现方法，即鼠标按下、鼠标拖动和鼠标抬起。

重写 paint()方法，调用画线的方法 drawLine(startX, startY, endX, endY)在 Frame 中绘制，只有这个方法是不够的，因为我们画的线要能完整地不断地显示在 Frame 中，所以还要重写 update()方法以便更新 Frame 中的 Graphics e。

程序运行后，在窗体中拖动鼠标，结果如图 10-19 所示。

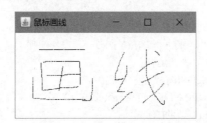

图 10-19　鼠标画线示例运行结果

可以看出我们画的线效果并不是很好，这是因为我们在画线方法中时刻在改变线段的起点和终点，导致画出的线就好像是一个个的点连成的线。

10.7　贯穿项目（10）

项目引导：本章主要学习了图形界面设计。本次贯穿项目是把我们项目的界面框架进行实施。下面介绍主界面的实施，具体步骤如下所述。

```
package ChatClient;

import java.awt.*;          //JFrame 要用到的类
import java.awt.event.*;      //事件类
import javax.swing.*;        //包含 JFrame
```

```
import java.io.*;
import java.net.*;
/*
 * 聊天客户端的主框架类
 */
public class ChatClient extends JFrame{
    int type = 0;    //0 表示未连接，1 表示已连接
    Image icon;      //程序图标
    JComboBox combobox;    //JComboBox 类是一个组件，它结合了一个按钮或可编辑字段与下拉列表
    JTextArea messageShow;  //TextArea 是一个显示纯文本的多行区域。它是一个轻量级组件
    JScrollPane messageScrollPane;          //信息显示的滚动条
    JLabel express,sendToLabel,messageLabel ;    //JLabel 放置文字或图形
    JTextField clientMessage; //客户端消息的发送，JTextField 是一个轻量级组件，它允许编辑单行文本
    JCheckBox checkbox;     //JCheckBox 创建一个默认的复选框（悄悄话），在默认情况下既未指定文本，
又未指定图像，并且未被选择
    JComboBox actionlist;      //表情选择
    JButton clientMessageButton;    //发送消息
    JTextField showStatus;         //显示用户连接状态
    //建立菜单栏
    JMenuBar jMenuBar = new JMenuBar();    //JMenuBar 是制作菜单栏时用到的一个组件
    //建立菜单组
    JMenu operateMenu = new JMenu ("操作(O)");
    //建立菜单项
    JMenuItem loginItem = new JMenuItem ("用户登录(I)");    //JMenuItem 继承 AbstractButton 类，是一种
特殊的 Button
    JMenuItem logoffItem = new JMenuItem ("用户注销(L)");
    JMenuItem exitItem=new JMenuItem ("退出(X)");
    JMenu conMenu=new JMenu ("设置(C)");
    JMenuItem userItem=new JMenuItem ("用户设置(U)");
    JMenuItem connectItem=new JMenuItem ("连接设置(C)");
    JMenu helpMenu=new JMenu ("帮助(H)");
    JMenuItem helpItem=new JMenuItem ("帮助(H)");
    //建立工具栏
    JToolBar toolBar = new JToolBar();    //JToolBar 是一种存放组件的特殊 Swing 容器。这个容器可以在
我们的 Java Applet 或是程序中用作工具栏，而且可以在程序的主窗口之外浮动或是被拖拽
    //建立工具栏中的按钮组件
    JButton loginButton;      //用户登录
    JButton logoffButton;     //用户注销
    JButton userButton;       //用户信息的设置
    JButton connectButton;    //连接设置
    JButton exitButton;       //退出按钮
    //框架的大小
    Dimension faceSize = new Dimension(400, 600);    //Dimension Java 的一个类，封装了一个构件的高度和宽度
    JPanel downPanel ;    //面板容器
    GridBagLayout girdBag;  //网格包布局管理器
    GridBagConstraints girdBagCon;      //用来控制添加进的组件的显示位置
```

```
public ChatClient(){
    init();    //初始化程序
    //添加框架的关闭事件处理
    this.setDefaultCloseOperation(JFrame.EXIT_ON_CLOSE);    //设置用户在此窗体上发起 "close" 时默
认执行的操作。EXIT_ON_CLOSE 使用 System exit 方法退出应用程序。仅在应用程序中使用
    this.pack();    //调整外部容器大小的方法。如外部容器 FollowLayout 布局装了几个按钮，在使用
pack()之后会使这个外部容器自动调整成刚好装下这几个按钮的尺寸
    //设置框架的大小
    this.setSize(faceSize);
    //设置运行时窗口的位置
    Dimension screenSize = Toolkit.getDefaultToolkit().getScreenSize();
    //获取全屏幕的大小
    this.setLocation((int) (screenSize.width - faceSize.getWidth())/ 2, (int) (screenSize.height –
    faceSize.getHeight())/2);           //将组件移到新位置
    this.setResizable(false);              //表示生成的窗体大小是由程序员决定的
    this.setTitle("聊天室客户端");          //设置标题
    //程序图标
    icon = getImage("icon.gif");
    this.setIconImage(icon);              //设置程序图标
    this.setVisible(true);
}
/**
 * 程序初始化函数
 */
public void init(){
    Container contentPane = this.getContentPane();
//this.getContentPane()的作用是初始化一个容器，用来在容器上添加一些控件
    contentPane.setLayout(new BorderLayout());
//BorderLayout 是一个布置容器的边框布局，它可以对容器组件进行安排，并调整其大小，使其符合下
列五个区域：北、南、东、西、中
    //添加菜单栏
    operateMenu.add (loginItem);
    operateMenu.add (logoffItem);
    operateMenu.add (exitItem);
    jMenuBar.add (operateMenu);
    jMenuBar.add (helpMenu);
    jMenuBar.add (conMenu);
    conMenu.add (userItem);
    conMenu.add (connectItem);
    helpMenu.add (helpItem);

    this.setJMenuBar (jMenuBar);      //在 JFrame 中设置菜单栏，this 可以省略
    //初始化按钮
    loginButton = new JButton("登录");
    logoffButton = new JButton("注销");
    userButton    = new JButton("用户设置" );
```

```java
connectButton   = new JButton("连接设置" );
exitButton = new JButton("退出" );
//当鼠标放上显示信息
loginButton.setToolTipText("连接到指定的服务器");
//ToolTipText 为工具提示文本
logoffButton.setToolTipText("与服务器断开连接");
userButton.setToolTipText("设置用户信息");
connectButton.setToolTipText("设置所要连接到的服务器信息");
//将按钮添加到工具栏
toolBar.add(userButton);
toolBar.add(connectButton);
toolBar.addSeparator();        //添加分隔栏
toolBar.add(loginButton);
toolBar.add(logoffButton);
toolBar.addSeparator();        //添加分隔栏
toolBar.add(exitButton);
contentPane.add(toolBar,BorderLayout.NORTH);
//初始时状态
loginButton.setEnabled(true);
logoffButton.setEnabled(false);
messageShow = new JTextArea();        //TextArea 是一个显示纯文本的多行区域
messageShow.setEditable(false);            //设置选项不可用
//添加滚动条
messageScrollPane = new JScrollPane(messageShow,
    JScrollPane.VERTICAL_SCROLLBAR_AS_NEEDED,
    JScrollPane.HORIZONTAL_SCROLLBAR_AS_NEEDED);
messageScrollPane.setPreferredSize(new Dimension(400,400));
messageScrollPane.revalidate();
//validate 方法是告诉父容器：我更新了，你要重绘！Revalidate()方法会重新计算容器内所有组件的
//大小，并且对它们进行重新布局
contentPane.add(messageScrollPane,BorderLayout.CENTER);
//是否是"悄悄话"的复选框
checkbox = new JCheckBox("悄悄话");
checkbox.setSelected(false);        //不选中该按钮对象
//表情组合框
actionlist = new JComboBox();
actionlist.addItem(" ");
actionlist.addItem("微笑地");
actionlist.addItem("高兴地");
actionlist.addItem("轻轻地");
actionlist.addItem("生气地");
actionlist.addItem("小心地");
actionlist.addItem("静静地");
actionlist.setSelectedIndex(0);
//发送对象组合框
combobox = new JComboBox();
```

```
combobox.insertItemAt("所有人",0);
combobox.setSelectedIndex(0);
clientMessage = new JTextField(23);
clientMessage.setEnabled(false);
clientMessageButton = new JButton();
clientMessageButton.setText("发送");
sendToLabel = new JLabel("发送至： ");
express = new JLabel("表情： ");
messageLabel = new JLabel("发送消息： ");
downPanel = new JPanel();
girdBag = new GridBagLayout();
downPanel.setLayout(girdBag);

girdBagCon = new GridBagConstraints();
girdBagCon.gridx = 0;
girdBagCon.gridy = 0;
girdBagCon.gridwidth = 5;
girdBagCon.gridheight = 2;
girdBagCon.ipadx = 5;
girdBagCon.ipady = 5;
JLabel none = new JLabel("      ");
girdBag.setConstraints(none,girdBagCon);
downPanel.add(none);

girdBagCon = new GridBagConstraints();
girdBagCon.gridx = 0;
girdBagCon.gridy = 2;
girdBagCon.insets = new Insets(1,0,0,0);
girdBag.setConstraints(sendToLabel,girdBagCon);
downPanel.add(sendToLabel);

girdBagCon = new GridBagConstraints();
girdBagCon.gridx =1;
girdBagCon.gridy = 2;
girdBagCon.anchor = GridBagConstraints.LINE_START;
girdBag.setConstraints(combobox,girdBagCon);
downPanel.add(combobox);

girdBagCon = new GridBagConstraints();
girdBagCon.gridx =2;
girdBagCon.gridy = 2;
girdBagCon.anchor = GridBagConstraints.LINE_END;
girdBag.setConstraints(express,girdBagCon);
downPanel.add(express);

girdBagCon = new GridBagConstraints();
```

```java
        girdBagCon.gridx = 3;
        girdBagCon.gridy = 2;
        girdBagCon.anchor = GridBagConstraints.LINE_START;
        girdBag.setConstraints(actionlist,girdBagCon);
        downPanel.add(actionlist);

        girdBagCon = new GridBagConstraints();
        girdBagCon.gridx = 4;
        girdBagCon.gridy = 2;
        girdBagCon.insets = new Insets(1,0,0,0);
        girdBag.setConstraints(checkbox,girdBagCon);
        downPanel.add(checkbox);

        girdBagCon = new GridBagConstraints();
        girdBagCon.gridx = 0;
        girdBagCon.gridy = 3;
        girdBag.setConstraints(messageLabel,girdBagCon);
        downPanel.add(messageLabel);

        girdBagCon = new GridBagConstraints();
        girdBagCon.gridx = 1;
        girdBagCon.gridy = 3;
        girdBagCon.gridwidth = 3;
        girdBagCon.gridheight = 1;
        girdBag.setConstraints(clientMessage,girdBagCon);
        downPanel.add(clientMessage);

        girdBagCon = new GridBagConstraints();
        girdBagCon.gridx = 4;
        girdBagCon.gridy = 3;
        girdBag.setConstraints(clientMessageButton,girdBagCon);
        downPanel.add(clientMessageButton);

        showStatus = new JTextField(35);
        showStatus.setEditable(false);
        girdBagCon = new GridBagConstraints();
        girdBagCon.gridx = 0;
        girdBagCon.gridy = 5;
        girdBagCon.gridwidth = 5;
        girdBag.setConstraints(showStatus,girdBagCon);
        downPanel.add(showStatus);

        contentPane.add(downPanel,BorderLayout.SOUTH);
    }
    /** 通过给定的文件名获得图像*/
    Image getImage(String filename) {
```

```
    //此处省略，详见贯穿项目（9）
  }
  public static void main(String[] args) {
    ChatClient app = new ChatClient();
  }
  public void actionPerformed(ActionEvent arg0) {}
}
```

上述程序的运行结果如图 10-20 所示。

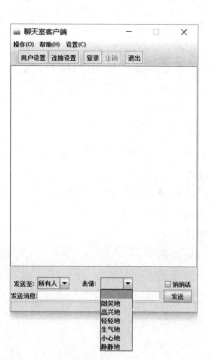

图 10-20　贯穿项目（10）的程序运行结果

10.8　本章小结

本章学习了图形界面设计。首先介绍了什么是图形界面设计；接着介绍了 Frame 类的使用；紧接着介绍了控件类和窗体布局；然后介绍了事件；最后介绍了窗体的绘制。通过本章学习，能让读者明白图形界面设计的组成，理解 Frame 类，熟练应用各种控件类，知道 Button、Label、TextField、List、Choise、Panel 的详细用法；理解按钮事件、窗体事件和鼠标事件，了解三种绘图方法。

第 11 章　Swing 程序设计

 学习目标

本章学习下列知识:
- Swing 简介。
- Swing 常用的控件（JButton, JLabel, JTextFiled, JComboBox 等）。
- 对话框（消息、警告、确认、输入对话框）。
- 文件选择对话框。
- 视图与模型机制。
- JList 控件、JTree 控件和 JTable 控件。
- Socket。

使读者能设计并实现下列各种程序:
- 常见的 Swing 界面。
- 定时提醒器。
- 文本编辑器。
- 图片浏览器。
- 通信录程序。
- 日记本程序。

11.1　Swing 简介

在第 10 章中我们学习了 AWT。AWT 是 Swing 的基础。本章将介绍一个新的可以代替 AWT 的图形界面类——Swing 类。Swing 类是一组类，它提供比 AWT 标准组件更强大和更灵活的功能。除了我们已经熟悉的组件，如按钮、复选框和标签外，Swing 类还提供了许多新的组件，如选项卡窗格、滚动窗格、树表格等。一些我们已经熟悉的组件，如按钮，在 Swing 类中还为它们提供了新的功能。例如，在 Swing 类中，一个按钮可以同时具有图片和字符串，而且当按钮的状态改变时按钮的图片也可以随之改变。在详细介绍 Swing 类之前我们先体会一下 Swing 类同 AWT 类的不同。先来运行一下 JDK 中 DEMO 里的 SwingSet2.jar，它位于 Java 的 JDK 安装目录 jdk1.8.0_121\demo\jfc\SwingSet2 下。程序运行后的结果如图 11-1 所示。

图 11-1 是 JDK 自带的一个例子运行后的结果。程序运行后显示的是 JInternalFrame 控件的实例，该控件是显示一个内部框架，就如同一个窗口在另一个窗口内部。在图中的我们还可以发现以下控件:
- JButton 控件：按钮 JButton 是一个常用组件，可以带标签或图像。
- JRadioButton 控件：单选框 JRadioButton 与 AWT 中的复选框组功能类似。

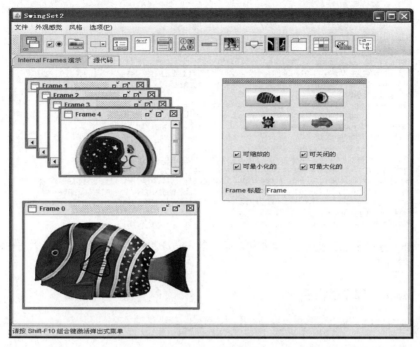

图 11-1　运行结果

- JCheckBox 控件：复选框提供简单的"on/off"开关，旁边显示文本标签。
- JLabel 控件：标签，功能与 AWT 中的标签类似，还可以提供带图形的标签。
- JColorChooser 控件：颜色选择对话框，提供颜色选择器给用户。
- JMenu 控件：菜单 JMenu 与 AWT 的菜单 Menu 的不同之处是，它可以通过 setJMenuBar(menubar)将菜单放置到容器中的任意地方。
- JComboBox 控件：选择框 JComboBox，每次只能选择其中的一项，但是可编辑每项的内容，而且每项的内容可以是任意类，而不再只局限于 String 类。
- JFileChooser 控件：文件选择器 FileChooser，内部建有"打开""存储"两种对话框，还可以自定义其他种类的对话框。
- JList 控件：列表，适用于将数量较多的选项以列表形式显示，里面的项目可以由任意类型对象构成。支持单选和多选。
- JProgressBar 控件：进程条，提供一个直观的图形化的进度描述，表示从"空"到"满"的过程。
- JSplitPane 控件：滑动条，它使得用户能够通过一个滑块的来回移动来输入数据。
- JTable 控件：表格，它是 Swing 新增加的组件，主要功能是把数据以二维表格的形式显示出来。
- JTree 控件：树，它用于显示层次关系分明的一组数据。

11.1.1　Swing 类的层次结构

在 javax.swing 包中，定义了两种类型的组件：顶层容器（JFrame，JApplet，JDialog 和 JWindow）和轻量级组件。Swing 组件是 AWT 中 Container 类的直接子类和间接子类。

javax.swing 包展开的结构如下所示：

```
○ java.awt.Component (implements java.awt.image.ImageObserver, java.awt.MenuContainer, java.io.Serializable)
    ○ java.awt.Button (implements javax.accessibility.Accessible)
    ○ java.awt.Canvas (implements javax.accessibility.Accessible)
    ○ java.awt.Checkbox (implements javax.accessibility.Accessible, java.awt.ItemSelectable)
    ○ java.awt.Choice (implements javax.accessibility.Accessible, java.awt.ItemSelectable)
    ○ java.awt.Container
        ○ java.awt.Panel (implements javax.accessibility.Accessible)
        ○ java.awt.ScrollPane (implements javax.accessibility.Accessible)
        ○ java.awt.Window (implements javax.accessibility.Accessible)
            ○ java.awt.Dialog
                ○ java.awt.FileDialog
            ○ java.awt.Frame (implements java.awt.MenuContainer)
    ○ java.awt.Label (implements javax.accessibility.Accessible)
    ○ java.awt.List (implements javax.accessibility.Accessible, java.awt.ItemSelectable)
    ○ java.awt.Scrollbar (implements javax.accessibility.Accessible, java.awt.Adjustable)
    ○ java.awt.TextComponent (implements javax.accessibility.Accessible)
        ○ java.awt.TextArea
        ○ java.awt.TextField
```

javax.swing 包是 Swing 提供的最大包，它包含将近 100 个类和 25 个接口，几乎所有的 Swing 组件都在这个包中。

11.1.2 Swing 程序结构简介

Swing 类的程序设计一般可按照下列流程来进行。

（1）引入 Swing 包。

（2）选择"外观和感觉"。

（3）设置顶层容器。

（4）设置按钮和标签。

（5）向容器中添加组件。

（6）在组件周围添加边界。

（7）进行事件处理。

在编写程序时，可以按上面的步骤编写，其中第 2 步暂时就选择 Java 为我们准备的（即默认的）look and feel 外观。外观将在拓展中详细讲解。

11.1.3 JFrame 与 Frame

JFrame 是在 Swing 中经常使用到的组件，可以把它看成是最底层的容器。这个容器里面可以装载各种 Swing 的控件类（例如 JLabel，JButton 等），也可以装载其他的容器。至于如何摆放这些控件和容器，Swing 的解决办法和 AWT 是一样的，都应用了一套相同的版面管理器。由此可以看出 Swing 生成界面的方法与 AWT 生成界面的方法是大同小异的。

JFrame 类继承了 Frame 类，所以 JFrame 的功能要比 Frame 的功能多。比如 Frame 生成的界面程序，如果不自己实现窗体关闭事件是无法直接关闭的，而 JFrame 生成的界面程序却可以不用实现窗体关闭事件。另外 JFrame 类中的许多方法是 Frame 类中没有的，如 JFrame 类支持 LookAndFeel。

JFrame 类中有一个常用的方法：setDefaultLookAndFeelDecorated(boolean b)，它提供一个关于新创建的 JFrame 是否应该具有当前外观为其提供的 Window 装饰（如边框、关闭窗口的小部件、标题等）的提示。如果 b 为 true，则当前的 LookAndFeel 支持提供窗口装饰，新创建的 JFrame 将具有当前 LookAndFeel 为其提供的 Window 装饰，否则，新创建的 JFrame 将具有当前窗口管理器为其提供的 Window 装饰。

当然，JFrame 与 Frame 并不是完全不同的，比如，在 Frame 中的窗体布局管理器在 JFrame 中同样适用，并且在 Frame 中的事件处理机制在 JFrame 中实现起来也没什么两样。

11.2 常用控件

上一节中我们简单介绍了 Swing 的初步知识，下面将详细介绍 Swing 中的控件（也称组件）。Swing 中的常用控件如表 11-1 所列。

表 11-1 Swing 中的常用控件

控件类	名称	功能
JButton	按钮	用来进行单击触发事件，实现具体操作
JLabel	标签	放置提示性的图片或文字
JTextField	文本域	支持单行文本输入
JTextArea	文本区	支行多行文本输入
JRadioButton	单选框	支持单项选择
JCheckBox	复选框	支持多项选择
JList	列表框	列出所有的选项进行选择
JComboBox	选择框	列表所有的选项进行选择，并且支持自定义选项

下面将对几个常用控件做详细的讲解，以了解 Swing 界面程序设计。

11.2.1 按钮控件（JButton）

按钮控件是窗体界面程序设计中最常用的控件，Swing 中提供以下的构造函数来建立按钮对象：

- JButton()，建立一个按钮。
- JButton(Icon icon)，建立一个有图像的按钮。
- JButton(String text)，建立一个有文字标签的按钮。
- JButton(String text,Icon icon)，建立一个有图像和文字的按钮。

JButton 常用的方法如下：

- addActionListener(ActionListener I)，在按钮上添加事件监听器。
- getFocus()，请求焦点。
- setEnabled(Boolean b)，设置按钮是否可用。
- setVisible(Boolean b)，设置按钮是否可见。

例 11-1 是一个 JButton 的示例。

【例 11-1】

```
import java.awt.*;
import javax.swing.*;
public class JButtonApp extends JFrame{
    Container con=this.getContentPane();
```

```
    JButton button1=new JButton ("按钮一");
    JButton button2=new JButton ("按钮二");
    JButton button3=new JButton ("按钮三");
    public JButtonApp(){
        super("JButton 示例");
        con.setLayout(new FlowLayout());
        button1.setEnabled(false);
        button2.setVisible(false);
        con.add(button1);
        con.add(button2);
        con.add(button3);
        this.pack();
        this.setVisible(true);
    }
    public static void main(String [ ] args){
        new JButtonApp();
    }
}
```

分析例 11-1 的代码会发现，与 AWT 中不同的是我们引用了 JFrame 的一个 getContentPane()
方法，该方法返回一个 Container 对象。Container 对象是 AWT 包中的一个容器，Swing 中的
所有组件继承 Container 类。该容器的作用就是用来存放要加载的组件。我们可以把 JFrame
想象为一块空地，要在这里住人就必须先盖一间房子（取得容器），然后才能将人、家具、设
备等物品搬入房中（放置组件）。

运行例 11-1 程序后的效果如图 11-2 所示。

图 11-2　JButton 示例运行效果

从上面的例子可以看到，AWT 提供的布局管理器在 Swing 中依然适用，也可以看到布局
的设置是对容器进行的，而不是针对 JFrame 的。这也是 Swing 与 AWT 的一个明显区别。

11.2.2　标签控件（JLabel）

标签控件主要用来放置提示性的文本或图形。以下是 JLabel 类的构造函数和常用方法。
构造函数：

- JLabel()，建立一个空白的标签组件。
- JLabel(Icon image)，建立一个含有图标的标签组件，默认排列方式为 CENTER。
- JLabel(Icon image,int horizontalAlignment)，建立一个含有图标的标签组件，并指定其
  排列方式。
- JLabel(String text)，建立一个含有文字的标签组件，默认排列方式为 LEFT。
- JLabel(String text, int horizontalAlignment)，建立一个含有文字的标签组件，并指定其
  排列方式。
- JLabel(String text,Icon icon,int horizontalAlignment)，建立一个含有文字和图标的标签
  组件，并指定其排列方式。

常用方法：

- setHorizontalAlignment(int alignment)，设置标签内文字或图像的水平位置。
- setHorizontalTextPosition(int textPosition)，设置标签内文字相对于图像的水平位置。
- setIcon(Icon icon)，设置标签内的图像。
- setIconTextGap(int iconTextGap)，设置标签内文字与图像的间距。
- setText(String text)，设置标签内的文字。
- setVerticalAlignment(int alignment)，设置标签内文字或图像的垂直位置。
- setVerticalTextPosition(int textPosition)，设置标签内文字相对于图像的垂直位置。

通常我们在 JLabel 上放置文字或图形，所以我们常常要调整 JLabel 上文字或图形的相关位置。组件排列方式的常用参数有 TOP，LEFT，RIGHT，BOTTOM，CENTER 等。

例 11-2 为 JLabel 示例。

【例 11-2】

```java
import java.awt.*;
import javax.swing.*;
public class JLabelApp extends JFrame{
    Container con=this.getContentPane();
    JLabel label1=new JLabel ("第一个标签");
    JLabel label2=new JLabel ("第二个标签");
    JLabel label3=new JLabel ("第三个标签");
    public JLabelApp(){
        super("JLabel 示例");
        con.setLayout(new GridLayout(1,3));
        label1.setHorizontalAlignment(JLabel.RIGHT);
        label2.setVerticalAlignment(JLabel.BOTTOM);
        con.add(label1);
        con.add(label2);
        con.add(label3);
        this.setSize(300,200);
        this.setVisible(true);
    }
    public static void main (String [] args){
        new JLabelApp();
    }
}
```

上述程序的运行效果如图 11-3 所示。

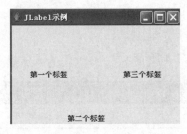

图 11-3　JLabel 示例运行效果

11.2.3 文本域控件（JTextField）

JTextField 是一种单行文本输入控件。

JTextField 的构造函数如下：

● 　JTextField()，建立一个文本域。

● 　JTextField(Document doc,String text,int columns)，使用指定的文件存储模式建立一个文本域，并且设置其初始字符串和字段长度。

● 　JTextField(int columns)，建立一个文本域，并设置其初始字段长度。

● 　JTextField(String text)，建立一个文本域，并设置其初始字符串。

● 　JTextField(String text, int columns)，建立一个文本域，并设置其初始字符串和字段长度。

JTextField 的常用方法如下：

● 　setColumns (int columns)，设置文本域的字段长度。

● 　setEditable(boolean b)，设置文本域是否可编辑。

● 　setFont(Font font)，设置文本域内文本字体。

● 　setText(String text)，设置文本域的字符串。

例 11-3 为 JTextField 的示例。

【例 11-3】

```
import java.awt.*;
import javax.swing.*;
public class JTextFieldApp extends JFrame{
    Container con=this.getContentPane();
    JTextField textField1=new JTextField ();
    JTextField textField2=new JTextField ("第二个文本框");
    JTextField textField3=new JTextField ("第三个文本框",10);
    public JTextFieldApp(){
        super("JTextField 示例");
        con.setLayout(new FlowLayout());
        textField1.setColumns(10);
        textField2.setEditable(false);
        con.add(textField1);
        con.add(textField2);
        con.add(textField3);
        this.pack();
        this.setVisible(true);
    }
    public static void main (String [] args){
        new JTextFieldApp();
    }
}
```

上述程序的运行效果如图 11-4 所示。

图 11-4　JTextField 示例运行效果

Swing 中还有一个和 JTextField 类似的控件：文本区（JTextArea）控件。该控件和文本域 JTextField 的构造函数和方法都很类似，只是在功能上 JTextArea 控件支持多行文本输入。我们在这就不详细介绍了，请大家自己研究探讨 JTextArea 控件的使用方法。

11.2.4 选择框控件（JComboBox）

JComboBox 一般被称为下拉式列表框控件。它可以让用户浏览一系列的选项并选出自己想要输入的值。JComboBox 的构造函数和常用方法如下所述。

构造函数：
- JComboBox()，建立一个新的 JComboBox 组件。
- JComboBox(ComboBoxModel aModel)，利用 ComboBoxModel 建立一个新的 JComboBox 组件。
- JComboBox(Object[] items)，利用 Array 数组对象建立一个新的 JComboBox 组件。
- JComboBox(Vector items)，利用 Vector 矢量集对象建立一个新的 JComboBox 组件。

常用方法：
- void addItem(Object obj)，将对象 obj 添加到下拉列表框显示的项目中。
- int getItemCount()，返回下拉列表框的项目的总数。
- Object getSelectedItem()，返回当前选中的项目。
- void removeAllItems()，移除下拉列表框中所有的项目。
- void removeItemAt(int index)，移除项目索引值为 index 的项目。
- void setEditable(boolean b)，设置下拉列表框是否可编辑。
- void setSelectedIndex(int index)，设置索引值为 index 的项目的状态为已选中。

例 11-4 是关于 JComboBox 的示例。

【例 11-4】

```java
import java.awt.*;
import javax.swing.*;
public class JComboBoxApp extends JFrame{
    JComboBox yearBox1=new JComboBox();
    JComboBox yearBox2=new JComboBox();
    JComboBox monthBox1=new JComboBox();
    JComboBox monthBox2=new JComboBox();
    JPanel panel=new JPanel();
    JLabel startDate=new JLabel("开始日期");
    JLabel endDate=new JLabel("终止日期");
    public JComboBoxApp(){
        super("JComboBox 示例");
        this.setDefaultCloseOperation(JFrame.EXIT_ON_CLOSE);
        panel.add(startDate);
        for(int i=2000;i<=2008;i++)
            yearBox1.addItem(i+"");
        for(int i=1;i<31;i++)
            monthBox1.addItem(i+"");
        panel.add(yearBox1);
```

```
        panel.add(monthBox1);
        panel.add(endDate);
        for(int i=2000;i<=2008;i++)
            yearBox2.addItem(i+"");
        for(int i=1;i<31;i++)
            monthBox2.addItem(i+"");
        panel.add(yearBox2);
        panel.add(monthBox2);
        this.setSize(180,110);
        this.setContentPane(panel);
        this.setVisible(true);
    }
    public static void main(String args[ ]){
        new JComboBoxApp();
    }
}
```

例 11-4 的代码创建了一个 JPanel 对象 panel，然后在构造函数中调用 JFrame 的 setConntentPane(Container c)方法将 panel 添加到 JFrame 中。这里 panel 就相当于一个容器。setContentPane()方法是 Frame 没有的。另外，方法 setDefaultCloseOperation ()设置 JFrame 的关闭方式，里面的参数是我们经常要用到的，读者应该记住。

上述程序的运行效果如图 11-5 所示。

图 11-5　JComboBox 示例运行效果

11.3　对话框

在 Windows 平台下用 MessageBox 来实现和用户的交互功能，在 Java 中也有同样的类来实现这样的功能，即 Swing 中提供的 JOptionPane 类。我们可以用 JOptionPane 类提供的各种 static 方法来生成各种标准的对话框，实现弹出信息、提出问题、警告、用户输入参数等功能。

四个标准对话框如下：

● 消息对话框 MessageDialog()，用来显示信息给用户。

● 确认对话框 ConfirmDialog()，提出问题，然后由用户自己来确认（单击"Yes"或"No"按钮）。

● 输入对话框 InputDialog()，提示输入文本。

● 选项对话框 OptionDialog()，组合其他三个对话框类型。

下面将详细介绍这几种对话框的使用。

11.3.1　消息对话框

消息对话框是一个简单的显示消息的窗口，如图 11-6 所示。

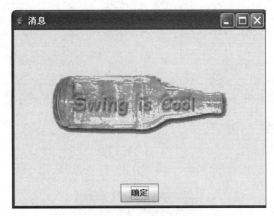

图 11-6　消息对话框

消息对话框可以通过调用 JOptionPane 类的 showMessageDialog(Compont,Object)方法来创建，参数是父组件和字符串（或者组件和显示的图标）。下述语句创建一个简单的显示字符的消息对话框：

JOptionPane.showMessagDialog(null,"Welcome To…");

还可以使用 showMessageDialog(Component, Object, String, int)方法创建一个显示警告消息的对话框。可以自己设置想要显示的消息对话框的标题，用法与 showInputDialog ()方法类似，参数相同但无返回值。下述语句创建一个消息输入对话框：

JOptionPane. showMessagDialog(null, "文件被删除","删除警告",JOptionPane.WARNING_MESSAGE);

例 11-5 是消息对话框的示例。

【例 11-5】

```java
import java.awt.*;
  import javax.swing.*;
  import java.awt.event.*;
  import java.util.EventListener;
  public class MessageDialogApp extends JFrame implements ActionListener{
    JButton button1=new JButton("显示消息对话框一");
    JButton button2=new JButton("显示消息对话框二");
    public MessageDialogApp(){
      super("MessageDialog 示例");
      this.setLayout(new FlowLayout());
      button1.addActionListener(this);
      button2.addActionListener(this);
      this.add(button1);
      this.add(button2);
      this.setSize(180,160);
      this.setVisible(true);
    }
```

```
public static void main(String args[]){
    new MessageDialogApp();
}
public void actionPerformed(ActionEvent e) {
    if(e.getSource()==button1){
        JOptionPane.showMessageDialog(null,"Welcome To...");
    }
    if(e.getSource()==button2){
        JOptionPane.showMessageDialog(null,"出现错误",
        "错误警告",JOptionPane.WARNING_MESSAGE);
    }
}
}
```

上述程序运行后，窗体中会出现两个按钮，如图 11-7 所示。

图 11-7　消息对话框示例运行效果 1

单击图 11-7 中的第一个按钮，出现如图 11-8 所示的消息对话框：

图 11-8　消息对话框示例运行效果 2

单击图 11-7 中的第二个按钮，出现如图 11-9 所示的错误警告消息对话框。

图 11-9　消息对话框示例运行效果 3

11.3.2　确认对话框

创建确认对话框的最简单方法就是调用 showConfirmDialog(Component, Object)方法，参数意义同消息对话框中的参数相同，不同的是该方法返回一个整数。JOptionPane 的三个属性：YES_OPTION，NO_OPTION，CANCEL_OPTION。

例 11-6 可以实现类似 swingset2.jar 中的确认对话框效果。

【例 11-6】

```java
import java.awt.*;
  import javax.swing.*;
  import java.awt.event.*;
  import java.awt.event.ActionListener;
  import java.util.EventListener;
  public class ConfirmDialogApp extends JFrame implements ActionListener{
    JButton button1=new JButton("显示确认对话框");
    public ConfirmDialogApp(){
      super("ConfirmDialog 示例");
      this.setLayout(new FlowLayout());
      button1.addActionListener(this);
      this.add(button1);
      this.setSize(200,120);
      this.setVisible(true);
    }
    public static void main(String args[]){
      new ConfirmDialogApp();
    }
public void actionPerformed(ActionEvent e) {
  if(e.getSource()==button1){
  int chose=JOptionPane.showConfirmDialog(null,"今天是个好天气吗？");
    if(chose==JOptionPane.YES_OPTION){
      JOptionPane.showMessageDialog(null,"不错，那就去晒个太阳吧");
    }
    if(chose==JOptionPane.NO_OPTION){
      JOptionPane.showMessageDialog(null,"不错，至少你没在外面淋雨");
    }
  }
 }
}
```

运行上述程序后，确认对话框的界面效果如图 11-10 所示。

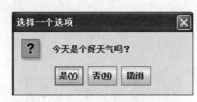

图 11-10　确认对话框的界面效果

确认对话框同消息对话框的使用类似，这里就不再举例进行说明了。

11.3.3　输入对话框

输入对话框提出一个问题，并使用文本域来存储响应。创建输入对话框的最简单方法就是调用 showInputDialog(Component Object)方法，参数和消息对话框中的参数相同。

调用输入对话框方法将返回一个表示用户响应的字符串。如下述语句创建了一个简单的输入对话框：

String inputText=JOptionPane. showInputDialog(null,"请输入你的姓名：");

例 11-7 是一个关于输入对话框的简单示例。

【例 11-7】

```java
import java.awt.*;
import javax.swing.*;
import java.awt.event.*;
import java.awt.event.ActionListener;
import java.util.EventListener;

public class InputDialogApp extends JFrame implements ActionListener{
    JButton button1=new JButton("输入你的姓名");
    JLabel label=new JLabel("你的姓名是：");
    public InputDialogApp(){
        super("InputDialog 示例");
        this.setLayout(new FlowLayout());
        button1.addActionListener(this);
        this.add(button1);
        this.add(label);
        this.setSize(200,120);
        this.setVisible(true);
    }
    public static void main(String args[]){
        new InputDialogApp();
    }
        public void actionPerformed(ActionEvent e) {
    if(e.getSource()==button1){
String inputText=JOptionPane.showInputDialog(this,"你的姓名是：");
        this.label.setText("你的姓名是："+inputText);
    }
  }
}
```

上述程序的运行效果如图 11-11 所示。

图 11-11　输入对话框示例运行效果

单击"输入你的姓名"按钮会弹出输入对话框界面，如图 11-12 所示。输入一个字符串后单击"确定"按钮后，主窗体中的 JLabel 同时会显示该字符串，如图 11-13 所示。

图 11-12　输入对话框界面	图 11-13　显示输入字符串界面

11.3.4　对话框的应用

通过以上的学习，读者应该能够认识到了对话框的作用。对话框就是用来和用户进行交互的，不同的对话框，代表着与用户交互的不同方式。在实际的应用程序中使用对话框可以实现和用户交互，从而大大地丰富程序的实用性。比如做个备忘程序，其功能是在某一时间提醒用户进行某一操作，就可以用上面讲到的对话框来实现。

11.3.5　文件选择对话框（JFileChooser）

文件选择对话框用来引用文件到程序中进行查看、修改及其他操作。JFileChooser 内建有"打开"和"存储"两种对话框，也可以自己定义其他种类的对话框。

有六个构造函数可用来生成 JFilerChooser 对象，常用的有两个：

- JFileChooser()，构造一个指向用户默认目录的 JFileChooser。
- JFileChooser(File currentDirectory)，使用给定的 File 作为路径来构造一个 JFileChooser。

JFileChooser 常用的方法：

- showOpenDialog(Component parent)，弹出一个"Open File"文件选择器对话框。
- showSaveDialog(Component parent)，弹出一个"Save File"文件选择器对话框。
- getCurrentDirectory()，返回当前目录。
- getName(File f)，返回文件名。
- getSelectedFile()，返回选中的文件。
- setFileFilter(FileFilter filter)，设置当前文件过滤器。
- setFileSelectionMode(int mode)，设置 JFileChooser 以允许用户只选择文件，只选择目录，或者可选择文件和目录。
- isMultiSelectionEnabled()，如果可以选择多个文件，则返回 true。
- isTraversable(File f)，如果可以返回该文件（目录），则返回 true。
- setDialogType(int dialogType)，设置此对话框的类型。
- setDialogTitle (String title)，设置显示在 JFileChooser 窗口标题栏的字符串。

JFileChooser 常用的字段：

- OPEN_DIALOG，指示 JFileChooser 支持 Open 文件操作的类型值。
- SAVE_DIALOG，指示 JFileChooser 支持 Save 文件操作的类型值。
- FILES_ONLY，指示仅显示文件。
- DIRECTORIES_ONLY，指示仅显示目录。
- FILES_AND_DIRECTORIES，指示显示文件和目录。

JFileChooser 还有很多其他的方法和字段提供给用户实现各种功能，在此我们就不详细介绍了。

下面这段程序可以弹出一个针对用户主目录的打开文件选择器，并设置文件过滤器只显示目录中的.jpg 格式和.gif 格式的图像文件。

```java
JFileChooser chooser=new JFileChooser();
ExampleFileFilter filter=new ExampleFileFilter();
filter.setExtension("jpg");
filter.setExtension("gif");
filter.addDescription("JPG & GIF image");
chooser.setFileFilter(filter);
chooser.setDialogType(JFileChooser.OPEN_DIALOG);
int retVal=chooser.showOpenDialog(parent);
if(retVal==JFileChooser.APPROVE_OPTION){
    System.out.println("You chose to open this file："
            +chooser.getSelectedFile().getName());
}
```

11.3.6　文件选择对话框的使用示例

例 11-8 是一个实现文本编辑器功能的示例。通过它来介绍 JFileChooser 的使用方法。做一个文本编辑器，实现选择并打开文件，编辑后保存文件的功能。

【例 11-8】

```java
import java.awt.*;
import java.awt.event.*;
import javax.swing.*;
import java.io.*;
import java.awt.event.ActionListener;
import java.util.EventListener;
public class NoteEditApp extends JFrame implements ActionListener{
    File file=null;
    JFileChooser filechooser=new JFileChooser();        //文件选择框
    JButton openButton=new JButton("打开文件");
    JButton saveButton=new JButton("保存文件");
    JPanel panel1=new JPanel();                //放按钮的 Panel
    JTextPane text=new JTextPane();            //用来存放文本
    public NoteEditApp(){
        super("文本编辑器");
        Container cn=this.getContentPane();
        cn.setLayout(new BorderLayout());
        openButton.addActionListener(this);       //注册事件
        saveButton.addActionListener(this);
        panel1.add(openButton);                 //添加按钮
        panel1.add(saveButton);
        cn.add(panel1,BorderLayout.NORTH);
        //将 text 放到一个 JScrollPane 控件可以实现滚动条
        cn.add(new JScrollPane(text),BorderLayout.CENTER);
        this.setSize(400,300);
        this.setVisible(true);
```

```
    }
    public void saveFile(){
        try{
            FileWriter fw=new FileWriter(file);
            fw.write(text.getText());
            fw.close();
        }catch(Exception e){
            e.printStackTrace();
        }
    }
    public void openFile(){
        try{
            FileReader fr=new FileReader(file);
            int len=(int)file.length();
            char [ ]buffer=new char[len];
            fr.read(buffer,0,len);
            fr.close();
            text.setText(new String(buffer));
        }catch(Exception e){
            e.printStackTrace();
        }
    }
    public void actionPerformed(ActionEvent e) {
        if(e.getSource()==openButton){
            if(file !=null) filechooser.setSelectedFile(file);
            int returnVal=filechooser.showOpenDialog(this);
            if(returnVal==JFileChooser.APPROVE_OPTION){
                file=filechooser.getSelectedFile();
                openFile();
            }
        }
        if(e.getSource()==saveButton){
            if(file!=null) filechooser.setSelectedFile(file);
            int returnVal=filechooser.showSaveDialog(this);
            if(returnVal==JFileChooser.APPROVE_OPTION){
                file=filechooser.getSelectedFile();
                saveFile();
            }
        }
    }
    public static void main(String args[ ]){
        new NoteEditApp();
    }
}
```

上述程序运行后，单击"打开文件"按钮，选择一个文本文件，显示效果如图 11-14 所示。可以对显示的内容进行编辑，之后单击"保存文件"按钮进行保存操作。

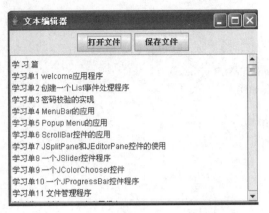

图 11-14   文本编辑器示例的显示效果

11.4   视图与模型机制（MVC）

一个好的用户界面（GUI）设计通常可以在现实世界找到相应的原形。例如，我们可以设计出一个外观跟键盘按键类似的按钮。从这个简单的按钮就可以看出一个 GUI 设计的规则。它由两个主要的部分构成：一部分包含按钮具有的动作特性，如可执行被按下操作；另外一部分包含按钮的外形表现，如这个按钮的背景是 A 还是 B 等。

理解清楚这两点就发现了一个很有趣的设计方法，这种方法鼓励重用（Reuse），而不是重新设计（Redesign）。按钮都有相同的机理，所以我们没必要为每个按钮都设计一份图纸，这样太浪费时间。

如果把上述设计思想应用到软件开发领域，它的优越性将更为明显。这就是我们将要讲到的 MVC（Model/View/Controller）设计模式。所谓 MVC 是一个在软件开发领域应用非常广泛的技术视图与模型机制，MVC 便是基于这种思想的一个实现。

11.4.1   视图与模型机制（MVC）简介

MVC 首先是一种设计模式，它把一个软件分解为三个不同的部分：Model，View，Controller。

Model 代表组件状态和低级行为的部分，它管理着自身的状态并且处理所有对状态的操作。Model 自己本身并不知道使用自己的 View 和 Controller，系统维护着它和 View 之间的关系，当 Model 发生变化时，系统会通知相应的 View，使其做出响应。

View 代表管理 Model 所含有的数据的一个视觉上的呈现。一个 Model 可以有多个 View，但是 Swing 中却很少有这样的情况。

Controller 管理 Model 和用户之间的交互。当 Model 的状态发生变化时，Controller 会提供一些方法去响应这些变化。

尽管 MVC 设计模式通常是用来设计整个用户界面（GUI）的，但是很多设计者却独具创新地运用这种设计模式设计出了 Swing 中的单个组件（Component），例如表格 JTable、树 JTree、组合下拉列表框 JComboBox 等。这些组件都有一个 Model、一个 View 和一个 Controller，而且，这些 Model、View 和 Controller 可以独立地改变，当组件正在被使用的时候也是如此。这种特性使得开发 GUI 界面显得非常灵活。

11.4.2 体会视图与模型机制（MVC）

为了更好地理解 MVC 设计模式和 Swing 用户界面组件之间的关系，我们用一个简单的按钮示例来进行详细的说明。

一个按钮的 Model 所应该具备的行为由一个 ButtonModel 接口来定义。一个按钮 Model 实例封装了其内部的状态，并且定义了按钮的行为。它的所有方法可以分为四类：

（1）查询内部状态。

（2）操作内部状态。

（3）添加和删除事件监听器。

（4）发生事件。

程序员通常并不会直接与 Model、View、Controller 打交道，因为 Model、View 以及 Controller 通常隐藏于那些继承 java.awt.Component 类的组件中，这些组件就像胶水一样把 MVC 的三者合为一体。一个程序员可以很方便地使用 Swing 组件和 AWT 组件，然而我们知道，Swing 组件有很多都是直接继承相应的 AWT 组件的，它能提供比 AWT 组件更加方便易用的功能。所以通常情况下，没有必要混合使用两者。

11.5 List 控件及其应用

11.5.1 JList 控件简介

JList 控件是用于显示对象列表的组件，它允许用户选择列表中的一项或多项。

JList 与 JCheckBox 有些相似，都可以选择列表中的一个或多个选项，不同的是，JList 的选取方式是整列选取。

11.5.2 JList 的构造函数和常用方法

JList 提供了以下四个构造函数：

- JList()，建立一个新的 JList 控件。
- JList(ListModel dataModel)，利用 ListModel 建立一个新的 JList 控件。
- JList(Object[]listData)，利用 Array（数组）对象建立一个新的 JList 控件。
- JList(Vector listData)，利用 Vector（矢量集）对象建立一个新的 JList 控件。

JList 常用方法如下：

- void clearSelection()，清除已选中项。
- int[]getSelectedIndices()，获得已选择项的索引值。
- Object[] getSelectedValues()，获得已选择项的内容。
- Boolean isSelectedIndex(int index)，判断 index 位置上的项目是否被选中，并返回值。
- void setListData(Object[]listData)，设置创建列表框的数组对象。
- void setListData(Vector listData)，设置创建列表框的矢量集对象。
- void setModel(ListModel dataModel)，设置创建列表框的列表框模板。

- void setSelectionModel(ListSelectionModel model)，设置列表框的选择方式，由 ListSelectionModel 提供三个静态参数：MULTIPLE_INTERVAL_SELECTION，SINGLE_INTER-VAL_SELECTION，SINGLE_SELECTION。此三个参数分别表示允许隔项多选，允许连续多选，只允许单选。

11.5.3　JList 控件的创建

（1）创建 JList。一般若不需要在 JList 中加入 Icon 图像，构建 JList 时常常用到 Array 对象和 Vector 对象，这两种构建方法最大的区别在于：使用 Array 对象建立 JList 组件后，就无法改变项目的数量，而使用 Vector 对象则不存在这个问题。例如：手机市场经常会有新型号的手机上市，若用 Array 对象来存储手机型号信息就不能满足信息处理的要求了。

例 11-9 是构造 JList 组件的示例，该例构造了两个 JList 对象。

【例 11-9】

```java
import java.awt.*;
import java.awt.event.*;
import javax.swing.*;
import java.util.Vector;
public class JListApp extends JFrame{

    public JListApp(){
        super("JList 示例");
        Container contentPane = this.getContentPane();
        contentPane.setLayout(new GridLayout(1,2));

        String[] s2 = {"乔丹","刘翔","科比","姚明","丁俊晖","SKY","其他"};

        Vector v = new Vector();

        v.addElement("Nokia 3310");
        v.addElement("Nokia 8850");
        v.addElement("Motorola V8088");
        v.addElement("Panasonic GD92");
        v.addElement("Panasonic GD93");
        v.addElement("NEC DB2100");
        v.addElement("其他");

        JList list2 = new JList(s2);
        list2.setSelectionMode(ListSelectionModel.SINGLE_SELECTION);
        list2.setBorder(BorderFactory.createTitledBorder("您最喜欢哪个运动员呢？"));
        JList list3 = new JList(v);
        list3.setSelectionMode(ListSelectionModel.SINGLE_INTERVAL_SELECTION);
        list3.setBorder(BorderFactory.createTitledBorder("您最喜欢哪一种手机？"));
        contentPane.add(new JScrollPane(list2));
        contentPane.add(new JScrollPane(list3));
        this.pack();
```

```
            this.setVisible(true);
            this.addWindowListener(new WindowAdapter() {
                public void windowClosing(WindowEvent e) {
                        System.exit(0);
                }
            });
    }
    public static void main(String args[]){
        new JListApp();
    }
}
```
上述程序的运行效果如图 11-15 所示。

图 11-15　Jlist 示例程序运行效果图

在示例 11-9 中，当窗口变小时，在 JList 左侧便会出现滚动条（ScrollBar），通过滚动条查看由于窗口过小而无法显示的信息。若要添加滚动条，必须将 JList 放入滚动面板（JScrollPane）中，下述代码实现滚动面板的添加：

```
contentPane.add(new JScrollPane(list1));
contentPane.add(new JScrollPane(list2));
```

（2）利用 ListModel 和 DefaultListModel 构造 JList。ListModel 接口的主要功能是定义一些方法使 JList 或 JComboBox 组件取得每个项的值，并可限定项的显示时间与方式。ListModel 接口定义的方法：

- addListDataListener(ListDataListener l)，当 DataModel 的长度或内容值有变化时，利用此方法处理 ListDataListener 事件。DataModel 是 Vector 或 Array 的数据类型，里面存放 List 中的值。
- getElementAt(int index)，返回在 index 位置的 Item 值。
- getSize()，返回 List 的长度。
- removeListDataListener(ListDataListener l)，删除 ListDataListener。

在介绍 JList 时讲到了它的构造函数，其中一个构造函数如下所示：

```
JList(ListModel dataModel);
```

必须实现 ListModel 接口的所有方法，才能利用上面这个构造函数建立 JList。但是实现 ListModel 接口的所有方法有点麻烦，因为一般我们不会用到 addListDataListener() 与 removeListDataListener()这两个方法。因此 Java 提供了抽象类 AbstractListModel，这个抽象类实现了 addListDataListener() 与 removeListDataListener() 这两个方法。若继承了类 AbstractListModel，就不需要实现这两个方法了，只需要实现 getElementAt()与 getSize()方法即可。具体请看例 11-10。

【例 11-10】

```java
import java.awt.*;
import java.awt.event.*;
import javax.swing.*;
public class JListApp2 extends JFrame{
    public JListApp2(){
        super("JList 示例二");
        Container contentPane=this.getContentPane();
        ListModel mode=new DataModel();
        JList list=new JList(mode);    //利用 ListModel 建立一个 JList.
        list.setVisibleRowCount(5);    //设置程序一打开时所能看到的数据项个数。
        list.setBorder(BorderFactory.createTitledBorder("你最喜欢到哪个国家玩呢?"));
        contentPane.add(new JScrollPane(list));
        this.pack();
        /*当程序要 show 出 list 时，系统会先自动调用 getSize()方法，看看这个 list 长度有多少；然后再调用
setVisibleRowCount()方法，看要一次输出几笔数据；最后调用 getElementAt()方法，将 list 中的项目值
（item）填入 list 中。读者若还不太清楚，可直接在 getSize()与 getElementAt()方法中个别加入
System.out.println("size")与 System.out.println("element")叙述，就可以在 DOS Console 中清楚看出整个显
示 list 调用的过程*/
        this.setVisible(true);
    }
    public static void main(String[] args){
        new JListApp2();
    }
}
class DataModel extends AbstractListModel{
    String[] s={"美国","越南","中国","英国","法国","德国","意大利","澳大利亚"};
    public Object getElementAt(int index){
        //getxElementAt()方法中的参数 index，系统会自动由 0 开始计算，不过要自己做累加的操作
        return (index+1)+"."+s[index++];
    }
    public int getSize(){
        return s.length;
    }
}
```

当 JList 要在窗体上出现时，系统会自动调用 getSize()方法查看 JList 长度；然后调用 setVisibleRowCount ()方法查看要输出数据的条数；最后调用 getElementAt()方法将列表中的项目值填入 JList 中。可直接在 getSize()与 getElementAt()方法中加入 System.out.println("size")与 System.out.println("element")，这样可以在控制台清晰地显示 JList 调用的整个过程。

上述程序的运行效果如图 11-16 所示。

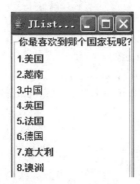

图 11-16　例 11-10 程序的运行效果

使用 DefaultListModel 类来构造一个默认的 ListModel 对象，然后创建 JList 对象，不需要实现任何方法，添加对象时只须调用此类的 addElement(Object o)方法即可。核心部分参考代码如下：

```
DefaultListModel listModel=new DefaultListModel();
listModel.addElement("A");
listModel.addElement("B");
listModel.addElement("C");
JList list=new JList(listModel);
```

11.5.4　JList 控件的事件处理及应用

JList 的事件处理一般分为两种：一种是获取用户选项信息；一种是通过双击选择的 JList 选项响应相应的事件。下面来看第一种事件处理方式。

在 JList 类中有一个 addListSelectionListener()方法，可以检测用户是否改变了 JList 选取项。ListSelectionListener 接口中只定义了一个 valueChanged(ListSelectionEvent e)方法，我们必须实现这个方法才能在用户改变选项时获取用户最后的选取状态。例 11-11 实现获取用户所选取的项目，并将所选的项目显示在 JLabel 上。

【例 11-11】
```
import java.awt.*;
import java.awt.event.*;
import javax.swing.*;
import javax.swing.event.*;
public class JListEventApp extends JFrame implements ListSelectionListener{
    JList list ;
    JLabel label;
    String[] s = {"美国","日本","中国","英国","法国","意大利","澳大利亚","韩国"};
    public JListEventApp(){
    super("JList 事件示例");
        Container contentPane = this.getContentPane();
        contentPane.setLayout(new BorderLayout());
        label = new JLabel();
        list = new JList(s);
```

```
            list.setVisibleRowCount(5);
            list.setBorder(BorderFactory.createTitledBorder("您最喜欢到哪个国家玩呢？"));
            list.addListSelectionListener(this);
            contentPane.add(label,BorderLayout.NORTH);
            contentPane.add(new JScrollPane(list),BorderLayout.CENTER);
            this.pack();
            this.setVisible(true);
        }
        public static void main(String args[]){
            new JListEventApp();
        }
        public void valueChanged(ListSelectionEvent e){
            int tmp = 0;
            String stmp = "您目前选取：";
        //利用 JList 类所提供的 getSelectedIndices()方法可得到用户所选取的项目
            int[] index = list.getSelectedIndices();
            for(int i=0; i < index.length ; i++){
              //这些 index 值由一个 int array 返回.
                tmp = index[i];
                stmp = stmp+s[tmp]+" ";
            }
            label.setText(stmp);
        }
    }
```

上述程序的运行效果如图 11-17 所示。

图 11-17　JList 事件示例运行效果

通过本章的讲解我们已经体会到了 JList 的应用。它的作用同 JCheckBox 是类似的，供用户选择一个或者多个项目，一般要和其他控件共同使用。我们会在下面的章节中结合其他控件继续讲解 JList 的使用。

11.6　JTable 控件及应用

11.6.1　JTable 控件简介

JTable 是 Swing 包新增加的组件，主要功能是把数据以二维表格的形式显示出来。依据 MVC 设计思想，使用表格最好先生成一个 MyTableModel 类型的对象来装载数据，这个类（MyTableModel）是从 AbstractTableModel 类中继承而来的，其中有几个方法是一定要重写，例如 getColumnCount()方法、getRowCount()方法、getColumnName()方法和 getValueAt()方法。因为 JTable 会从这个对象中自动获取表格显示所必需的数据，AbstractTableModel 类封装了表格（行、列）设置、内容的填写、赋值、表格单元更新的检测等一切跟表格内容有关的属性及其操作。JTable 类生成的对象以 TableModel 对象为参数，并负责将 TableModel 对象中的数据以表格的形式显示出来。

11.6.2　JTable 的构造函数和常用方法

JTable 的构造函数如下：
- JTable()，构造默认的 JTable，使用默认的数据模型、列模型和选择模型对其进行初始化。
- JTable(int numRows, int numColumns)，使用 DefaultTableModel 构造具有空单元格、包含 numRows 行和 numColumns 列的 JTable。
- JTable(Object[][] rowData, Object[] columnNames)，构造 JTable，用来显示二维数组 rowData 中的数据，其列名称为 columnNames。
- JTable(TableModel dm)，构造 JTable，使用 dm 作为数据模型、默认的列模型和默认的选择模型对其进行初始化。
- JTable(TableModel dm, TableColumnModel cm)，建立一个 JTable，设置数据模式与字段模式，并有默认的选择模式。
- JTable(TableModel dm, TableColumnModel cm, ListSelectionModel sm)，建立一个 JTable，设置数据模式、字段模式、选择模式。
- JTable(Vector rowData, Vector columnNames)，构造 JTable，用来显示 Vector(rowData) 中的值，其列名称为 columnNames。

JTable 的常用的方法如下：
- addColumn(TableColumn aColumn)，将 aColumn 追加到此 JTable 的列模型所保持的列数组的结尾。
- removeColumn(TableColumn aColumn)，从此 JTable 的列数组中移除 aColumn。
- getColumnCount()，返回列模型中的列数。
- getGridColor()，返回用来绘制网格线的颜色。
- getSelectedColumnCount()，返回选定的列数。
- getSelectedColumns()，返回所有选定列的索引。
- paramString ()，返回此表的字符串表示形式。

- selectAll()，选择表中的所有行、列及单元格。
- setSelectionMode(int selectionMode)，设置表的选择模式为：可以选择不相邻的几项；只能选择续的几项；一次只能选择一项。
- setRowHeight(int rowHeight)，将所有单元格的高度设置为 rowHeight（以像素为单位），重新验证并重新绘制 JTable。

JTable 类所包含的方法还有很多，出于篇幅限制在此就不一一介绍了。

11.6.3 JTable 控件的创建

（1）创建 JTable。有很多的方法创建 JTable 对象，正如 JTable 有多个构造函数一样。下面通过 JTable(Object[][] rowData, Object []columnNames)这个构造函数来创建一个简单的 JTable 对象。参考代码如下：

```
Object[][] data = {
    {"笨笨",new Integer(66), new Integer(32), new Integer(98),
      new Boolean(false),new Boolean(false)},
    {"三毛",new Integer(85), new Integer(69), new Integer(154),
      new Boolean(true),new Boolean(false)}
};
    String[] column = {"姓名","语文","数学","总分","及格","作弊"};
    JTable table=new JTable(data,column);
```

此 JTable 对象代表了一个显示学生成绩的表单，将其添加到 JFrame 中去将会显示如图 11-18 所示的效果。

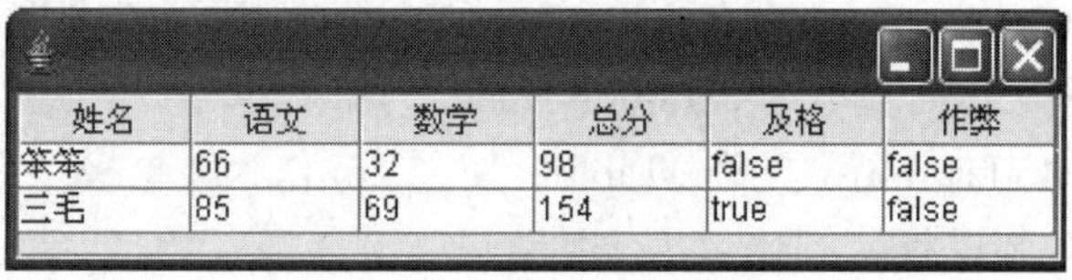

图 11-18 程序运行显示效果

我们也可以像使用 JList 和 JTree 控件一样把 JTable 添加到 JScrollPane 控件中。参考代码如下：

```
JScrollPane scrollPane=new JScrollPane(table);
```

使用 Swing 来构造一个表格其实很简单，只要利用 Vector 或 Array 作为表格输入对象，将 Vector 或 Array 的内容填人到 JTable 中，一个基本的表格就产生了。

（2）利用 DefaultTableModel 创建 JTable。下面用 Def aultTableModel 对象构造一个默认的 JTable 对象。参考代码如下：

```
DefaultTableModel tableModel=new DefaultTableModel();
tableModel.setDataVector(data, column);
JTable table=new JTable(tableModel);
JScrollPane pane=new JScrollPane(table);
```

另外，我们也可以通过继承抽象类 AbstractTableModel 来创建 JTable 以实现特定的功能。关于以这种方法创建 JTable 的内容我们放到下面的事件处理中介绍。

11.6.4　JTable 控件的事件处理及应用

通过前面的介绍，我们了解了不同组件上的事件处理方法。JTable 的事件处理（即对表格内容进行操作处理）包括字段内容改变、列数增加或减少、行数增加或减少，或是表格的结构改变等。我们称这些事件为 TableModelEvent 事件。要处理 TableModelEvent 事件，必须实现 TableModelListener 接口，这个接口定义了一个 void tableChanged (TableModelEvent e)方法。下面用例 11-12 来演示 JTable 控件的事件处理。

【例 11-12】

```java
import javax.swing.table.AbstractTableModel;
import javax.swing.event.*;
import javax.swing.table.*;
import javax.swing.*;
import java.awt.*;
import java.awt.event.*;
import java.util.*;
public class TableEventHandle implements TableModelListener{
    JTable table = null;
    MyTable mt = null;
    JLabel label = null;          //显示修改字段位置
    public TableEventHandle() {
        JFrame f = new JFrame();
        mt=new MyTable();
        mt.addTableModelListener(this);
        table=new JTable(mt);
        JComboBox c = new JComboBox();
        c.addItem("Taipei");
        c.addItem("ChiaYi");
        table.getColumnModel().getColumn(1).setCellEditor(new DefaultCellEditor(c));
        table.setPreferredScrollableViewportSize(new Dimension(550, 30));
        JScrollPane s = new JScrollPane(table);
        label = new JLabel("修改字段位置： ");
        f.getContentPane().add(s, BorderLayout.CENTER);
        f.getContentPane().add(label, BorderLayout.SOUTH);
        f.setTitle("TableEventHandle");
        f.pack();
        f.setVisible(true);
        f.addWindowListener(new WindowAdapter() {
            public void windowClosing(WindowEvent e) {
                System.exit(0);
            }
        });
    }
    public void tableChanged(TableModelEvent e){
        int row = e.getFirstRow();
        int column = e.getColumn();
```

```java
            label.setText("修改字段位置: "+(row+1)+" 行 "+(column+1)+" 列");
            boolean cheat =((Boolean)(mt.getValueAt(row,6))).booleanValue();
            int grade1=((Integer)(mt.getValueAt(row,2))).intValue();
            int grade2=((Integer)(mt.getValueAt(row,3))).intValue();
            int total = grade1+grade2;
                if(cheat){
                    if(total > 120)
                        mt.mySetValueAt(new Integer(119),row,4);
                    else
                        mt.mySetValueAt(new Integer(total),row,4);
                            mt.mySetValueAt(new Boolean(false),row,5);
                }
                else{
                        if(total > 120)
                            mt.mySetValueAt(new Boolean(true),row,5);
                        else
                            mt.mySetValueAt(new Boolean(false),row,5);

                            mt.mySetValueAt(new Integer(total),row,4);
                }
                table.repaint();
        }
        public static void main(String args[]) {
            new TableEventHandle();
        }
    }
class MyTable extends AbstractTableModel {
    Object[][] p = {
    {"阿呆", "Taipei",new Integer(66), new Integer(32), new Integer(98),
      new Boolean(false),new Boolean(false)},
    {"阿瓜", "ChiaYi",new Integer(85), new Integer(69), new Integer(154),
      new Boolean(true),new Boolean(false)}};
    String[] n = {"姓名","居住地","语文","数学","总分","及格","作弊"};
    public int getColumnCount() {
        return n.length;
    }
    public int getRowCount() {
        return p.length;
    }
    public String getColumnName(int col) {
        return n[col];
    }
    public Object getValueAt(int row, int col) {
        return p[row][col];
    }
    public Class getColumnClass(int c) {
```

```
        return getValueAt(0, c).getClass();
    }
    public boolean isCellEditable(int rowIndex, int columnIndex) {
        return true;
    }
     public void setValueAt(Object value, int row, int col) {
        p[row][col] = value;
        fireTableCellUpdated(row, col);
    }
    public void mySetValueAt(Object value, int row, int col) {
            p[row][col] = value;
    }
}
```

上述程序运行后，修改第一行"数学"的值，效果如图 11-19 所示。

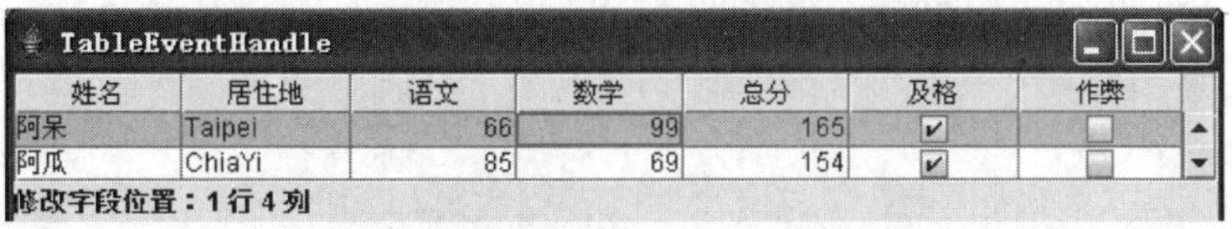

图 11-19　JTable 控件的示例运行效果

11.7　网络编程之套接字

11.7.1　网络编程简介

网络编程从大的方面说就是对信息的发送到接收，中间传输为物理线路的作用。

网络编程最主要的工作就是在发送端把信息通过规定好的协议进行组装包，在接收端按照规定好的协议把包进行解析，从而提取出对应的信息，达到通信的目的。其中最主要的就是数据包的组装，数据包的过滤，数据包的捕获，数据包的分析，当然最后要再做一些处理。代码、开发工具、数据库、服务器架设和网页设计这五部分都要涉及。对网络编程有兴趣的读者可以自己找资料学习，目前我们只讲网络编程中的套接字。

11.7.2　TCP/IP 协议

TCP/IP 是 Transmission Control Protocol/Internet Protocol 的简写，中译名为传输控制协议/因特网互联协议，又名网络通信协议。它是 Internet 最基本的协议，是 Internet 国际互联网络的基础，它由网络层的 IP 协议和传输层的 TCP 协议组成。TCP/IP 定义了电子设备如何连入因特网，以及数据如何在它们之间传输的标准。协议采用了 4 层的层级结构，每一层呼叫它的下一层所提供的协议来完成自己的需求。通俗而言：TCP 负责发现传输的问题，一有问题就发出信号，要求重新传输，直到所有数据安全正确地传输到目的地；IP 是给因特网的每一台联网设备规定一个地址。

此协议是一种可靠、双向、持续、点对点的网络协议，进行通信时会在通信两端各建立一个 Socket（套接字），从而在通信的两端形成网络虚拟链路。

在 Java 环境下，Socket 编程主要是指基于 TCP/IP 协议的网络编程。

11.7.3　Socket

使用 Socket 套接字可以较为方便地在网络上传输数据，从而实现两台计算机之间的通信。一个 Socket 由一个 IP 地址和一个端口号唯一确定。

1．Socket 通信的过程

Server 端 Listen（监听）某个端口是否有连接请求，Client 端向 Server 端发出 Connect（连接）请求，Server 端向 Client 端发回 Accept（接受）消息，一个连接就建立起来了。Server 端和 Client 端都可以通过 Send，Write 等方法与对方通信。

对于一个功能齐全的 Socket，其工作过程包含以下四个基本的步骤：

（1）创建 Socket；

（2）打开连接到 Socket 的输入/输出流；

（3）按照一定的协议对 Socket 进行读/写操作；

（4）关闭 Socket。

2．创建 Socket

Java 在包 java.net 中提供了 Socket 和 ServerSocket 两个类，分别用来表示双向连接的客户端和服务端。这是两个封装得非常好的类，使用很方便。

创建 Socket 对象：

```
try{
    Socket s = new Socket("192.168.1.24",8888);
    ….        //Socket 通信
}catch(IOException e){
    e.printStackTrace();
}
```

每一个端口提供一种特定的服务，只有给出正确的端口，才能获得相应的服务。0～1023 的端口号为系统所保留，例如 http 服务的端口号为 80，telnet 服务的端口号为 21，ftp 服务的端口号为 23，所以我们在选择端口号时，最好选择一个大于 1023 的数，防止发生冲突。

在创建 Socket 时如果发生错误，将产生 IOException，在程序中必须对之进行处理。所以在创建 Socket 或 ServerSocket 时必须捕获或抛出异常。

11.8　贯穿项目（11）

项目引导：本章我们学习了 Swing 程序设计。本贯穿项目来做生成用户信息输入对话框的类，让用户输入自己的用户名和生成连接信息输入的对话框，让用户输入连接服务器的 IP 和端口（步骤一、步骤二），以及线程在贯穿项目中的应用（步骤三）。具体代码如下：

步骤一：

```
package ChatClient;

import java.awt.*;
import javax.swing.*;
```

```
import java.awt.event.*;
/**
 * 生成用户信息输入对话框的类
 * 让用户输入自己的用户名
 */
public class UserConf extends JDialog {        //JDialog 是一个临时的窗口
    JPanel panelUserConf = new JPanel();
    JButton save = new JButton();
    JButton cancel = new JButton();
    JLabel DLGINFO=new JLabel("默认用户名为：百读不厌",JLabel.CENTER);
    JPanel panelSave = new JPanel();
    JLabel message = new JLabel();
    String userInputName;
    JTextField userName ;
    public UserConf(JFrame frame,String str) {
        super(frame, true);
        this.userInputName = str;
        jbInit();
        //设置运行位置，使对话框居中
        Dimension screenSize = Toolkit.getDefaultToolkit().getScreenSize();
        this.setLocation( (int) (screenSize.width - 400) / 2 + 50,
                    (int) (screenSize.height - 600) / 2 + 150);
        this.setResizable(false);
    }
    private void jbInit() {
        this.setSize(new Dimension(300, 120));
        this.setTitle("用户设置");
        message.setText("请输入用户名:");
        userName = new JTextField(10);
        userName.setText(userInputName);
        save.setText("保存");
        cancel.setText("取消");
        panelUserConf.setLayout(new FlowLayout());
        panelUserConf.add(message);
        panelUserConf.add(userName);
        panelSave.add(new Label("                "));
        panelSave.add(save);
        panelSave.add(cancel);
        panelSave.add(new Label("                "));
        Container contentPane = getContentPane();
        contentPane.setLayout(new BorderLayout());
        contentPane.add(panelUserConf, BorderLayout.NORTH);
        contentPane.add(DLGINFO, BorderLayout.CENTER);
        contentPane.add(panelSave, BorderLayout.SOUTH);
        //保存按钮的事件处理
        save.addActionListener(
```

```
        new ActionListener() {
          public void actionPerformed (ActionEvent a) {
            if(userName.getText().equals("")){
              DLGINFO.setText("用户名不能为空！");
              userName.setText(userInputName);
              return;
            }
            else if(userName.getText().length() > 15){
              DLGINFO.setText("用户名长度不能大于 15 个字符！");
              userName.setText(userInputName);
              return;
            }
            userInputName = userName.getText();
            dispose();
          }
        }
      );
      //关闭对话框时的操作
      this.addWindowListener(
        new WindowAdapter(){
          public void windowClosing(WindowEvent e){
            DLGINFO.setText("默认用户名为：百读不厌");
          }
        }
      );
      //取消按钮的事件处理
      cancel.addActionListener(
        new ActionListener(){
          public void actionPerformed(ActionEvent e){
            DLGINFO.setText("默认用户名为：百读不厌");
            dispose();
          }
        }
      );
    }
    public static void main(String[] args) {
      UserConf userConf = new UserConf(null, "百读不厌");
      userConf.setVisible(true);        //显示窗体
    }
}
```

运行截图如图 11-20 所示。

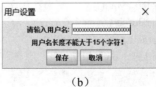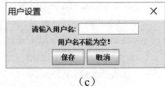

图 11-20　步骤一运行截图

步骤二：

```java
package ChatClient;

import java.awt.*;
import java.net.*;
import javax.swing.*;
import java.awt.event.*;
/**
 * 生成连接信息输入的对话框
 * 让用户输入连接服务器的 IP 和端口
 */
public class ConnectConf extends JDialog {
/**话框与框架（JFrame）有一些相似，但它一般是
 * 一个临时的窗口，主要用于显示提示信息或接受
 * 用户输入。所以，在对话框中一般不需要菜单条，
 * 也不需要改变窗口大小。此外，在对话框出现时，
 * 可以设定禁止其他窗口的输入，直到这个对话框
 * 被关闭
 * */
    JPanel panelUserConf = new JPanel();
    JButton save = new JButton();
    JButton cancel = new JButton();
    JLabel DLGINFO=new JLabel("默认连接设置为    127.0.0.1:8888",JLabel.CENTER);
    JPanel panelSave = new JPanel();
    JLabel message = new JLabel();
    String userInputIp;
    int userInputPort;
    JTextField inputIp;
    JTextField inputPort;
    public ConnectConf(JFrame frame,String ip,int port) {
        super(frame, true);
        this.userInputIp = ip;
        this.userInputPort = port;
        try {
            jbInit();
        }
        catch (Exception e) {
            e.printStackTrace();
        }
        //设置运行位置，使对话框居中
        Dimension screenSize = Toolkit.getDefaultToolkit().getScreenSize();
        this.setLocation( (int) (screenSize.width - 400) / 2 + 50,
                (int) (screenSize.height - 600) / 2 + 150);
```

```java
            this.setResizable(false);
        }
    private void jbInit(){
        this.setSize(new Dimension(300, 130));
        this.setTitle("连接设置");
        message.setText(" 请输入服务器的 IP 地址:");
        inputIp = new JTextField(10);
        inputIp.setText(userInputIp);
        inputPort = new JTextField(4);
        inputPort.setText(""+userInputPort);
        save.setText("保存");
        cancel.setText("取消");
        panelUserConf.setLayout(new GridLayout(2,2,1,1));
        panelUserConf.add(message);
        panelUserConf.add(inputIp);
        panelUserConf.add(new JLabel("请输入服务器的端口号:"));
        panelUserConf.add(inputPort);
        panelSave.add(new Label("                    "));
        panelSave.add(save);
        panelSave.add(cancel);
        panelSave.add(new Label("                    "));
        Container contentPane = getContentPane();    //容器是用来存放对象的,比如 AWT 中要想 new 一个窗
口界面，就必须用到 Container 这个容器
        contentPane.setLayout(new BorderLayout());
        contentPane.add(panelUserConf, BorderLayout.NORTH);
        contentPane.add(DLGINFO, BorderLayout.CENTER);
        contentPane.add(panelSave, BorderLayout.SOUTH);
        //保存按钮的事件处理
        save.addActionListener(
            new ActionListener() {
                public void actionPerformed (ActionEvent a) {
                    int savePort;
                    //判断端口号是否合法
                    try{
                        userInputIp = "" + InetAddress.getByName(inputIp.getText());
                        userInputIp = userInputIp.substring(1);
                    }
                    catch(UnknownHostException e){
                        DLGINFO.setText("错误的 IP 地址！ ");
                        return;
                    }
                    //判断端口号是否合法
                    try{
```

```
            savePort = Integer.parseInt(inputPort.getText());
            /*Integer.parseint()就是把整形对象 Integer 转换成
            基本数据类型 int（整数）*/

            if(savePort<1 || savePort>65535){
                DLGINFO.setText("侦听端口必须是 0～65535 的整数!");
                inputPort.setText("");
                return;
            }
            userInputPort = savePort;
            dispose();
        }
        catch(NumberFormatException e){
            DLGINFO.setText("错误的端口号,端口号请填写整数!");
            inputPort.setText("");
            return;
        }
        }
    }
);
//关闭对话框时的操作
this.addWindowListener(
    new WindowAdapter(){
        public void windowClosing(WindowEvent e){
            DLGINFO.setText("默认连接设置为　127.0.0.1:8888");
        }
    }
);
//取消按钮的事件处理
cancel.addActionListener(
    new ActionListener(){
        public void actionPerformed(ActionEvent e){
            DLGINFO.setText("默认连接设置为　127.0.0.1:8888");
            dispose();
        }
    }
);
}
public static void main(String[] args) {
    ConnectConf Con = new ConnectConf(null,"127.0.0.1",8888);
    Con.setVisible(true);      //显示窗体
}
}
```

步骤二的运行结果如图 11-21 所示。

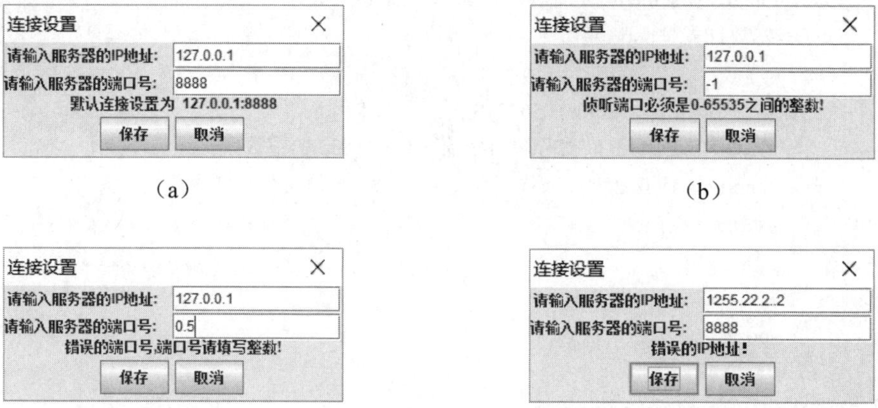

（a）　　　　　　　　　　　　　　　（b）

（c）　　　　　　　　　　　　　　　（d）

图 11-21　步骤二的运行结果

步骤三：

（1）在 ChatClient 中建立一个 ClientReceive 类，用来接收发送聊天信息。

```java
package ChatClient;

import javax.swing.*;
import java.io.*;
import java.net.*;

public class ClientReceive extends Thread {     //Thread   线程
    private JComboBox combobox;
    private JTextArea textarea;

    Socket socket; //通过 Socket 向网络发出请求或者应答网络请求，网络套接字输入输出流
                   //（ObjectInputStream，ObjectOutputStream），将属性或者有用的接口同输出流连接起来
    ObjectOutputStream output;
    ObjectInputStream   input;
    JTextField showStatus;

    public ClientReceive(Socket socket,ObjectOutputStream output,
        ObjectInputStream input,JComboBox combobox,JTextArea textarea,JTextField showStatus){
        this.socket = socket;
        this.output = output;
        this.input = input;
        this.combobox = combobox;
        this.textarea = textarea;
        this.showStatus = showStatus;
    }
    public void run(){
        while(!socket.isClosed()){
```

```java
try{
    String type = (String)input.readObject();

    if(type.equalsIgnoreCase("系统信息")){
        String sysmsg = (String)input.readObject();
        textarea.append("系统信息: "+sysmsg);
    }
    else if(type.equalsIgnoreCase("服务关闭")){
        output.close();
        input.close();
        socket.close();

        textarea.append("服务器已关闭！\n");

        break;
    }
    else if(type.equalsIgnoreCase("聊天信息")){
        String message = (String)input.readObject();
        textarea.append(message);
    }
    else if(type.equalsIgnoreCase("用户列表")){
        String userlist = (String)input.readObject();
        String usernames[] = userlist.split("\n");
        combobox.removeAllItems();     //元素移出（addItem 添加）

        int i =0;
        combobox.addItem("所有人");
        while(i < usernames.length){
            combobox.addItem(usernames[i]);
            i ++;
        }
        combobox.setSelectedIndex(0);
        showStatus.setText("在线用户  " + usernames.length + "  人");
    }
}
catch (Exception e ){
    System.out.println(e);
}
    }
  }
}
```

（2）在 Chatserver 中建立一个聊天服务端的用户上线和下线侦听类 ServerListen。

```java
package Chatserver;

import javax.swing.*;
import java.io.*;
```

```
import java.net.*;
/*
 * 服务端的侦听类
 */
public class ServerListen extends Thread {
    ServerSocket server;
    JComboBox combobox;
    JTextArea textarea;
    JTextField textfield;
    UserLinkList userLinkList;      //用户链表
    Node client;
    ServerReceive recvThread;
    public boolean isStop;
    public ServerListen(ServerSocket server,JComboBox combobox,
        JTextArea textarea,JTextField textfield,UserLinkList userLinkList){
        this.server = server;
        this.combobox = combobox;
        this.textarea = textarea;
        this.textfield = textfield;
        this.userLinkList = userLinkList;
        isStop = false;
    }
    public void run(){
        while(!isStop && !server.isClosed()){
            try{
                client = new Node();
                client.socket = server.accept();        //侦听并接受到此套接字的连接,此方法在连接传入之前一直阻塞
/**getOutputStream()返回此套接字的输出流, 如果此套接字具有关联的通道，则得到
 *的输出流会将其所有操作委托给通道。ObjectOutputStream 将 Java 对象的基本数据
 *类型和图形写入 OutputStream。可以使用 ObjectInputStream 读取（重构）对象。
 *通过在流中使用文件可以实现对象的持久存储*/
                client.output = new ObjectOutputStream(client.socket.getOutputStream());
                client.output.flush();        //将写入所有已缓冲的输出字节，并将它们刷新到底层流中
                client.input    = new ObjectInputStream(client.socket.getInputStream());
                client.username = (String)client.input.readObject();
                //显示提示信息
                combobox.addItem(client.username);
                userLinkList.addUser(client);
                textarea.append("用户  " + client.username + "  上线" + "\n");
                textfield.setText("在线用户" + userLinkList.getCount() + "人\n");
                recvThread = new ServerReceive(textarea,textfield,
                    combobox,client,userLinkList);
                recvThread.start();
            }
            catch(Exception e){
            }
```

```
        }
    }
}
```

（3）在 Chatserver，同样建立一个用来收发消息的类。

```java
package Chatserver;
import javax.swing.*;
//服务器收发消息的类
public class ServerReceive extends Thread {
    JTextArea textarea;
    JTextField textfield;
    JComboBox combobox;
    Node client;
    UserLinkList userLinkList;      //用户链表

    public boolean isStop;

    public ServerReceive(JTextArea textarea,JTextField textfield,
        JComboBox combobox,Node client,UserLinkList userLinkList){
        this.textarea = textarea;
        this.textfield = textfield;
        this.client = client;
        this.userLinkList = userLinkList;
        this.combobox = combobox;
        isStop = false;
    }
    public void run(){
        //向所有人发送用户的列表
        sendUserList();

        while(!isStop && !client.socket.isClosed()){
            try{
                String type = (String)client.input.readObject();

                if(type.equalsIgnoreCase("聊天信息")){
                    String toSomebody = (String)client.input.readObject();
                    String status    = (String)client.input.readObject();
                    String action    = (String)client.input.readObject();
                    String message = (String)client.input.readObject();
                    String msg = client.username +" "+ action+ "对  "
                        + toSomebody + "  说  : "+ message+ "\n";
                    if(status.equalsIgnoreCase("悄悄话")){
                        msg = " [悄悄话] " + msg;
                    }
                    textarea.append(msg);
                    if(toSomebody.equalsIgnoreCase("所有人")){
                        sendToAll(msg);     //向所有人发送消息
```

```
    }
    else{
       try{
          client.output.writeObject("聊天信息");
          client.output.flush();
          client.output.writeObject(msg);
          client.output.flush();
       }
       catch (Exception e){
          //System.out.println("###"+e);
       }

       Node node = userLinkList.findUser(toSomebody);

       if(node != null){
         //对 toSomebody 发送聊天信息
          node.output.writeObject("聊天信息");
          node.output.flush();
          node.output.writeObject(msg);
          node.output.flush();
       }
    }
}
else if(type.equalsIgnoreCase("用户下线")){
    Node node = userLinkList.findUser(client.username);
    userLinkList.delUser(node);
    String msg = "用户  " + client.username + "  下线\n";
    int count = userLinkList.getCount();
    combobox.removeAllItems();
    combobox.addItem("所有人");
    int i = 0;
    while(i < count){
       node = userLinkList.findUser(i);
       if(node == null) {
          i ++;
          continue;
       }
       combobox.addItem(node.username);
       i++;
    }
    combobox.setSelectedIndex(0);
    textarea.append(msg);
    textfield.setText("在线用户"+userLinkList.getCount()+"人\n");
    sendToAll(msg);        //向所有人发送消息
    sendUserList();        //重新发送用户列表，刷新
    break;
```

```java
        }
      }
      catch (Exception e){
      }
    }
  }
  //向所有人发送消息
  public void sendToAll(String msg){
    int count = userLinkList.getCount();
    int i = 0;
    while(i < count){
      Node node = userLinkList.findUser(i);
      if(node == null) {
        i ++;
        continue;
      }
      try{
        node.output.writeObject("聊天信息");
        node.output.flush();
        node.output.writeObject(msg);
        node.output.flush();
      }
      catch (Exception e){
        //System.out.println(e);
      }
      i++;
    }
  }
  //向所有人发送用户的列表
  public void sendUserList(){
    String userlist = "";
    int count = userLinkList.getCount();
    int i = 0;
    while(i < count){
      Node node = userLinkList.findUser(i);
      if(node == null) {
        i ++;
        continue;
      }
      userlist += node.username;
      userlist += '\n';
      i++;
    }
    i = 0;
    while(i < count){
      Node node = userLinkList.findUser(i);
```

```java
            if(node == null) {
              i ++;
              continue;
            }
            try{
              node.output.writeObject("用户列表");
              node.output.flush();
              node.output.writeObject(userlist);
              node.output.flush();
            }
            catch (Exception e){
            }
            i++;
        }
     }
  }
```

11.9　本章小结

　　本章主要学习了 swing 程序设计。首先介绍了 swing 类的层次结构，Jframe 与 Frame 的区别；接着介绍了常用的控件；然后介绍了对话框的应用；最后介绍了 List、Jtable 及 Socket。通过本章学习，让读者能了解什么是 Swing 程序设计，知道对话框的种类和它的详细应用，能够熟练使用控件，还能了解网络编程。

第 12 章　JDBC 数据库访问技术

 学习目标

本章学习下列知识:

- JDBC 技术概述: ①JDBC 的概念; ②JDBC 的诞生; ③JDBC 的任务; ④JDBC 驱动程序分类。
- JDBC 的应用: ①DriverVlanager 类; ②Connection 接口; ③Statement 接口; ④ResultSet 接口。

使读者能设计并实现下列各种程序:

- 书店管理系统。
- 档案管理系统。
- 超市（进销存）管理系统。
- 财务系统。

12.1　JDBC 技术概述

12.1.1　JDBC 的概念

JDBC（Java DataBase Connectivity, Java 数据库连接）是一种可用于执行 SQL 语句的 Java API（Application Programming Interface, 应用程序设计接口）。它由一些 Java 语言编写的类和界面组成。JDBC 为数据库应用开发人员和数据库前台工具开发人员提供了一种标准的应用程序设计接口, 使开发人员可以用纯 Java 语言编写完整的数据库应用程序。

12.1.2　JDBC 的诞生

Java 语言自 1995 年 5 月正式公布以来便风靡全球, 出现了大量用 Java 语言编写的程序, 其中也包括数据库应用程序。由于没有一个适用于 Java 语言的 API, 编程人员不得不在 Java 程序中加入 C 语言的 ODBC 函数调用, 这就使得很多 Java 的优秀特性无法充分发挥, 比如平台无关性、面向对象特性等。随着越来越多的编程人员喜欢用 Java 语言编程, 越来越多的公司在 Java 程序开发上投入的精力也日益增加, 对 Java 语言接口访问数据库 API 的要求也越来越强烈。而且 ODBC 也有不足之处, 比如它不容易使用, 没有面向对象的特性等, SUN 公司决定开发以 Java 语言为接口的数据库应用程序接口。在 JDK1.x 版本中, JDBC 只是一个可选部件, 到 JDKl.1 公布时, SQL 类包（也就是 JDBC API）已成为 Java 语言的标准部件。

12.1.3 JDBC 的任务

简单地说，JDBC 能完成下列三件事：

● 和某个数据库建立连接；

● 向数据库发送 SQL 语句；

● 处理数据库返回的结果。

JDBC 是一种底层 API，这意味着它将直接调用 SQL 命令。JDBC 完全胜任这个任务，而且与其他数据库更加容易实现互联。同时它也是构造高层 API 和数据库开发工具的基础。高层 API 和数据库开发工具是用户界面更加友好，使用更加方便，更易于理解的。

12.1.4 JDBC 驱动程序分类

（1）第一类 JDBC 驱动程序是 JDBC-ODBC 桥再加上一个 ODBC 驱动程序。SUN 公司建议第一类驱动程序只用于原型开发，而不要用于正式的运行环境。桥接驱动程序由 SUN 公司提供，它的目标是支持传统的数据库系统。SUN 公司为该软件提供关键问题的补丁，但不为该软件的最终用户提供支持。一般地，桥接驱动程序用于已经在 ODBC 技术上投资了的情形，例如已经投资了的 Windoves 应用服务器。

尽管 SUN 公司提供了 JDBC-ODBC 桥接驱动程序，但由于 ODBC 会在客户端装载二进制代码和数据库客户端代码，这种技术不适用于高事务性的环境。另外，第一类 JDBC 驱动程序不支持完整的 Java 命令集，而是局限于 ODBC 驱动程序的功能。

（2）第二类 JDBC 驱动程序是部分 Java API 代码的驱动程序，用于把 JDBC 调用转换成主流数据库 API 的本机调用。这类驱动程序也存在与第一类驱动程序一样的性能问题，即客户端载入二进制代码的问题，而且它们被绑定了特定的平台。

第二类驱动程序要求编写面向特定平台的代码，这对于任何 Java 开发者来说恐怕都不属于真正乐意做的事情。主流的数据库厂商，例如 Oracle 和 IBM，都为它们的企业数据库平台提供了第二类驱动程序，使用这些驱动程序的开发者必须及时跟进不同数据库厂商针对不同操作系统发行的各个驱动程序版本。

另外，由于第二类驱动程序没有使用纯 Java 的 API，在把 Java 应用连接到数据源时，往往必须执行一些额外的配置工作。而且在很多时候，第二类驱动程序不能在体系结构上与大型主机的数据源兼容，即使做到了兼容，效果也是差强人意。

由于诸如此类的原因，大多数 Java 数据库开发者选择了第三类驱动程序，或者选择更灵活的第四类纯 Java 新式驱动程序。

（3）第三类 JDBC 驱动程序是面向数据库中间件的纯 Java 驱动程序，JDBC 调用被转换成一种中间件厂商的协议，中间件再把这些调用转换到数据库 API。第三类 JDBC 驱动程序的优点是它以服务器为基础，也就是不再需要客户端的本机代码，这使得第三类驱动程序要比第一类和第二类快。另外，开发者还可以利用单一的驱动程序连接到多种数据库。

（4）第四类 JDBC 驱动程序是直接面向数据库的纯 Java 驱动程序，即所谓的"瘦"（Thin）驱动程序。它把 JDBC 调用转换成某种直接可被 DBMS 使用的网络协议，这样，客户机和应用服务器可以直接调用 DBMS 服务器。对于第四类驱动程序，不同 DBMS 的驱动程序是不同的，因此，在一个异构计算环境中，驱动程序的数量可能会比较多。但是，由于第四类驱动程序具有较高的性能，能够直接访问 DBMS，所以这一问题就显得不那么突出了。

12.2　DriverManager 类

12.2.1　DriverManager 类简介

DriverManager 类是控制应用程序和 JDBC 驱动程序之间的接口。DriverManager 类还提供了一系列管理驱动程序的服务，例如 "jdbc.drivers" 系统属性中引用的驱动程序类。如果该属性存在，则应该有一串单独的驱动程序名字，如在./hotjava/properties 文件中，用户可以指定：

jdbe.drivers=foo.bah.Driver:wombat.sql.Driver:bad.taste.ourDriver

DriverManage 类试图根据名字加载每个 Driver 类。修改该属性，可以选择其应用程序所使用的 JDBC 驱动程序。当然程序也可以在运行时加载 JDBC 驱动程序。

当 getConnection()方法被调用的时候，它就在这一系列的驱动程序中进行搜索，直到找到能定位到 URL 所指向的数据库的驱动程序为止。

12.2.2　DriverManager 的常用方法

DriverManager 的常用方法如下所示：

- deregisterDriver(Driver driver)，用于从 DriverManager 的列表中删除一个驱动程序。
- getConnection(String url, String user, String password)，试图建立到给定数据库 URL 的连接。
- getLoginTimeout()，获得驱动程序试图登录到某一数据库时可以等待的最长时间，以秒为单位。
- setLoginTimeout(int seconds)，设置驱动程序试图连接到某一数据库时将等待的最长时间，以秒为单位。

上面的方法中最常用的是 getConnection(String url, String user, String password)方法，它是用来获得数据库的连接 Connection 接口类。

12.3　Connection 接口

12.3.1　Connection 接口

Connection 是一个接口类，其功能是与数据库进行连接（会话），用于在连接上下文中执行 SQL 语句并返回结果。我们使用如下形式来建立一个 Connection 接口类对象。

Class.forName("com.mierosoft.jdbc.sqlserver.SQLServerDriver");
//返回与带有给定字符串名的类或接口相关联的 Class 对象
Connection conn=DriverManager.getConnection(url,username,password);

12.3.2　Connection 的常用方法

下面讲述几个 Connection 的常用方法。

（1）close()方法，这个方法用于立即释放此 Connection 对象连接的数据库和 JDBC 资源，而不是等待它们自动释放。

例如：我们连接了一个数据库，对数据库的读取已完毕，现在要关闭它，我们要释放资源，就可以调用 conn.close()来实现此功能。

（2）commit()方法，commit()方法用于执行提交数据库，并用于释放此 Connection 对象当前保存的所有数据库锁定。通常我们使用 setAutoCommit(boolean)方法设置 Connection 对象的当前提交模式为自动提交，如果不用自动提交，就要用 commit()方法手动提交。相应的代码如下：

```
conn.setAutoCommit(false);
//更新数据库代码
conn.commit();
```

（3）createStatement(int resultSetType, int resultSetConcurrency)方法，此方法我们用于创建一个 Statement 对象，参数用来设置卷标的移动及是否可更新数据库。

（4）getAutoCommit()方法，getAutoCommit()方法用于检索此 Connection 对象的当前提交模式是否为自动提交模式。

（5）isClosed()方法，此方法用于检索此 Connection 对象是否已经被关闭。

（6）prepareCall(String sql)方法，此方法返回一个 CallableStatement 对象来调用数据库存储过程。我们会在后面对这个方法进行详细的讲解。

（7）prepareStatement(String sql)方法，此方法返回一个 PreparedStatement 对象来将参数化的 SQL 语句发送到数据库。我们会在后面对这个方法进行详细的讲解。

（8）rollback()方法，此方法用于取消在当前事务中进行的所有更改（事物回滚），并释放此 Connection 对象当前保存的所有数据库锁定，后面会详细讲解这个方法的使用。

（9）setAutoCommit(boolean autoCommit)方法，这个方法用于将此连接的自动提交模式设置为给定状态，它常和 commit()方法配合使用。在 Java 中对数据库的更新是一行一行自动执行的，如果有三行数据它就会执行三次。如果想让这三行数据同时更新就需要把参数设为false，之后再调用 commit()方法，代码如下：

```
conn.setAutoCommit(false);
conn.commit();
```

12.3.3　Connection 的应用

为了讲解对数据库的操作，我们首先建立如下的数据库：

数据库名：phoneroot。

数据表名：roots。

表中的字段名：pid（自动编号），name，number。

我们通常用 getConnection(String url, String user, String password)方法返回一个 Connection 类的对象，"url" 为连接数据库的 URL 地址，"user" 为数据库的用户名，"password" 为数据

库的用户密码，具体代码见例 12-1。

【例 12-1】

```
import java.sql.*;
public class Dao{
    public static void main(String args[]){
        new Dao();
    }
    public Dao(){
        try {
            Class.forName("com.microsoft.jdbc.sqlserver.SQLServerDriver");
            //返回与带有给定字符串名的类或接口相关联的 Class 对象
            Connection conn=DriverManager.getConnection("jdbc:Microsoft
:sqlserver://localhost:1433;DatabaseName=phoneroot","sa","");
            System.out.println("连接成功");
        }catch (Exception e) {
            System.out.println("连接失败");
            e.printStackTrace();
        }
    }
}
```

编译并运行上述程序，如果连接成功，则运行结果如图 12-1 所示：

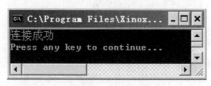

图 12-1　运行结果

注：如果连接失败会跳转到 try 块中打印"连接失败"和错误信息。

12.4　Statement 接口

12.4.1　Statement 接口

Statement 本身就是一个接口类。它主要被用于执行关于 SQL 的动作（如添、删、改、查），并返回它所生成的结果对象。我们通常使用如下形式来建立 Statement 对象：

```
Connection conn=DriverManager.getConnection(url,username,password);
Statement stmt=conn.createStatement();
```

Statement 接口类还派生出两个接口对象 PreparedStatement 和 CallableStatement。这两个接口类对象为我们提供了更加强大的数据访问功能。我们将在后面介绍 PreparedStatement 和 CallableStatement 接口类对象的功能。

12.4.2　Statement 的常用方法

下面讲述几个 Statement 的常用方法。

（1）executeQuery(String sql)方法，它是查询数据的方法。它执行给定的 SQL 语句，并返回数据库记录集 ResultSet 对象。如果执行该方法时出现错误，就产生 SQLException 异常，运行程序时要记着处理异常。该方法示例如下：

ResultSet rs=stmt.executeQuery("select * from roots");

（2）executeUpdate(String sql)方法，这个方法执行给定的 SQL 语句。它可以为 INSERT、UPDATE 或 DELETE 语句，还可以用来执行数据定义语言（DDL），如: create table 和 drop table 等。INSERT、UPDATE 或 DELETE 语句可以对一个表中的行或列进行添加、删除或修改。这个方法的返回值是整型，代表了这个方法在执行后所作用的行数。使用 create table 和 drop table 语句时的返回值是 0，因为数据定义语言（DDL）不作用于具体的行，该方法示例如下：

stmt.executeUpdate("insert into roots values('张三', '1234567')");

12.4.3   Statement 的应用

下面是一个使用 executeUpdate(String sql)方法的实例，其功能是向数据库插入一条数据（如果是删除或更新操作，只需要改变 SQL 语句就可以了）。

【例 12-2】

```
import java.sql.*;
public class Dao{
    public static void main(String args[]){
        new Dao();
    }
    public Dao(){
        try {
            Class.forName("com.microsoft.jdbc.sqlserver.SQLServerDriver")+.newInstance();
                //返回带有给定字符串名的类或接口相关联的 Class 对象
            Connection conn= DriverManager.getConnection("
jdbc:microsoft:sqlserver://localhost:1433;DatabaseName=phoneroot","sa","");
            Statement st=conn.createStatement(
ResultSet.TYPE_SCROLL_SENSITIVE,ResultSet.CONCUR_UPDATABLE);
            int i=st.executeUpdate("insert into roots values('张三','1234567')");
            System.out.println("你成功的操作了"+i+"数据");
        }catch (Exception e) {
            System.out.println("连接失败");
            e.printStackTrace();
        }
    }
}
```

上述程序的运行结果如图 12-2 所示。

图 12-2   程序运行结果

此时我们查看数据库 phoneroot 中的 roots 表，就会发现表中多出了一条记录，如图 12-3

所示。

注意：pid 列是自动编号的，所以在写插入语句时不用管 pid 列。其中 Connection 对象在调用 createStatement()方法生成 Statement 的时候所传入的参数是用来设置卷标的移动和是否可更新数据库的，其中的两上参数是我们经常使用到的，代表可移动的和可更新的。

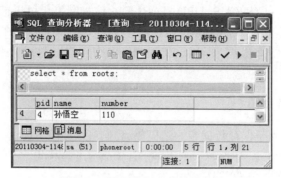

图 12-3　插入数据成功的效果图

12.5　ResultSet 接口

12.5.1　游标

当一个结果集产生以后，如果要随意地进行存取结果集数据就需要引入一个新的概念——游标。

如果将结果集看成一张二维表，那么就可以将游标看成一个可控制的、可以指向任意一条记录的指针。有了这个指针就能轻易地指出我们要对结果集中的哪一条记录进行修改、删除，或者要在哪一条记录之前插入数据。一个结果集对象中只包含一个游标。

常见的结果集有两种：可滚动的结果集和可更新的结果集。

（1）可滚动的结果集。JDBC 中有只进游标（TYPE_FORWARD_ONLY）、滚动－敏感游标（TYPE_ SCROLL_SENSTIVE）、滚动－不敏感游标（TYPE_SCROLL_INSENSITIVE）三种类型的结果集。

- 只进游标（TYPE_FORWARD_ONLY）结果集：这种类型的结果集的游标只能从头到尾滚动，不可以随意地进行前后滚动。
- 滚动－敏感游标（TYPE_SCROLL_SENSITIVE）结果集：这种类型的结果集的游标可以随意地前后滚动，而且这种结果集对于其打开的数据是敏感的，如果底层的数据改变了，那么改变结果也会反映在结果集中。
- 滚动－不敏感游标（TYPE_SCROLL_SENSITIVE）结果集：这种类型的结果集中的游标也可以随意的进行前后滚动，但这种结果集对于其打开的数据是不敏感的，如果底层的数据改变了，其改变结果并不会反映在结果集中。

（2）可更新的结果集。一个结果集有不同的更新特性，分为可动态更新和不可动态更新。可动态更新的结果集由于能够动态更新，所以它对更新记录提供了很大的方便。下面是 JDBC 提供的两种不同的更新类型。

- 只读结果集（CONCUR_READ_ONLY）：这种结果集不可以被动态更新，它可以提供最大程度的并发访问。当一个只读结果集使用一个只读的标识时，只允许用户读取数据而不允许用户修改它，因为只读的结果集不需要对只读锁进行限制，所以实际上并发访问的用户也没有限制。
- 可更新结果集（CONCUR_UPDATABLE）：这种结果集可以被动态地更新，降低了可以并发的程度，可更新结果集可以使用一个只写标识来限制在某一个时刻只能有一个用户往数据库中写数据，所以这就限制了多个用户试图同时改变数据，但是保证了数据的一致性。

12.5.2　ResultSet 接口

ResultSet 对象通常用于保存数据库的结果集。我们可以使用下述语句来建立 ResultSet 对象。

```
Connection conn="DriverManager.getConnection(url, username, password);
Statement stm=conn.createStatement();
ResultSet rs=stm.executeQuery("select * from roots");
```

ResultSet 对象具有指向其当前数据行的指针。ResultSet 对象生成时，指针被置于第一行之前。使用 next()方法将可以把指针移动到下一行，在 ResultSet 对象中没有下一行时，next()方法将返回 false。默认的 ResultSet 对象不可更新，仅有一个向下移动的指针。因此，只能迭代它一次，并且只能按从第一行到最后一行的顺序进行。可以生成可滚动或可更新的 ResultSet 对象。对于如何生成可滚动且不受其他更新影响的、可更新的结果集，代码如下：

```
Statement stmt=con.createStatement(
        ResultSet.TYPE_SCROLL_INSENSITIVE,
        ResultSet.CONLUR_UPDATABLE);
ResultSet rs=stmt.executeQuery("SELECT * FROM roots");
```

12.5.3　ResultSet 的常用方法

ResultSet 类中的常用方法：
- absolute(int row)方法，将指针移动到此 ResultSet 对象的给定行。
- beforeFirst()方法，将指针移动到此 ResultSet 对象的开始，并且位于第一行之前，ResultSet 默认也是在第一行之前。
- first()方法，将指针移动到此 ResultSet 对象的第一行。
- last()方法，将指针移动到此 ResultSet 对象的最后一行。
- afterlast()方法，将指针移动到此 ResultSet 对象的末尾，使它位于最后一行之后。
- next()方法，将指针从当前位置向下移一行。
- previous()方法，将指针移动到此 ResultSet 对象的上一行。
- getString(int columnIndex)方法，以 Java 编程语言中 String 的形式检索此 ResultSet 对象的当前行中指定列的值，参数可以是列名也可以是列的序号。

12.5.4　ResultSet 的应用

关于 ResultSet 的应用我们现在看一个例子，使用 executeQuery(String sql)查询语句得到 ResultSet（记录集）对象，然后遍历记录集将结果打印到控制台上。

【例 12-3】

```java
import java.sql.*;
public class Dao{
    public static void main(String args[]){
        new Dao();
    }
    public Dao(){
        try {
            Class.forName("com.microsoft.jdbc.sqlserver.SQLServerDriver");
            Connection conn=DriverManager.getConnection("jdbc:microsoft:
sqlserver://localhost:1433;DatabaseName=phoneroot","sa","");
            Statement st=conn.createStatement(ResultSet.TYPE_SCROLL_SENSITIVE,
ResultSet.CONCUR_UPDATABLE);
            ResultSet rs=st.executeQuery("select * from roots");
        while(rs.next()){                              //游标向下移动
            for(int i=0;i<3;i++){
            System.out.print(rs.getString(i+1)+" ");    //取数据并打印
            }
            System.out.println();
        }
        }catch (Exception e) {
            System.out.println("连接失败");
            e.printStackTrace();
        }
    }
}
```

上述程序的运行效果如图 12-4 所示：

图 12-4　程序运行效果图

我们可以查看数据库中的表中的数据，图 12-5 所示的是我们刚用例 12-3 程序向数据库中添加的数据。

图 12-5　数据表

在例 12-3 中，首先使用 Class.forName()加载驱动，之后建立一个连接对象 Connection，然后利用该 Connection 对象创建一个 Statement，最后调用 Statement 对象的 executeQuery()方法生成一个记录集 ResultSet，其中传入的参数是查询语句。这几乎是以后数据库编程中所要用到标准流程了，凡是涉及到数据库的程序编写中，大体都是这样一步一步来设计的。熟练地编写这段代码，对以后的编程很有益处。

12.6   贯穿项目（12）

项目引导：本章学习的是 JDBC 数据库知识。本次贯穿项目的任务是通过连接数据库，为项目优化聊天室的功能，使它能够记录聊天信息以及查看历史聊天信息，以下为详细步骤。

（1）在 MySQL 的 demo 数据库中建立 message 表，添加字段名"mes"和"num"。

```
CREATE TABLE message
(
num INT UNSIGNED NOT NULL PRIMARY KEY AUTO_INCREMENT,
mes VARCHAR(15) NOT NULL
)
```

（2）创建一个 DBCon 类用来连接数据库，并添加查询和插入功能。

```java
import java.sql.*;
import java.util.ArrayList;

public class DBCon {
    static Connection con;
    private final String DRIVER = "com.mysql.cj.jdbc.Driver";
    ResultSet rs = null;
    Statement st = null;
    public DBCon() {
}

    public void connectDB() {
        try {
            Class.forName(DRIVER);    //加载 MYSQL JDBC 驱动程序
        } catch (ClassNotFoundException ex) {
            System.out.println(ex.getMessage());
        }
        if (con == null) {
            try {
                con = DriverManager.getConnection("jdbc:mysql://localhost:3306/test?serverTimezone=
                CTT&useUnicode=true&characterEncoding=utf-8&allowMultiQueries=true","root","123");
            //连接 URL 为 jdbc:mysql//服务器地址/数据库名，后面的两个参数分别是登陆用户名和密码，
```

后面加上"serverTimezone=UTC"，不然会因为时区问题报错，这里用了 CTT 中国台湾时区，避免产生 8 小时时差

```java
            } catch (SQLException ex) {
                System.out.println("创建连接发生异常:" + ex.getMessage());
                System.exit(0);
```

```
                }
            }
        }
    public ArrayList select() {
        ArrayList list = new ArrayList();
        String sql = "select * from message";
        try {
            st = con.createStatement();
            rs = st.executeQuery(sql);
            while (rs.next()) {
                message m = new message();
                m.setMes(rs.getString(2));
                m.setNumber(rs.getInt(1));
                list.add(m);
            }
        } catch (SQLException ex) {
            System.out.println("查询数据发生异常:" + ex.getMessage());
        } finally {
            try {
                rs.close();
            } catch (SQLException ex1) {
                System.out.println("查询数据关闭语句异常:" + ex1.getMessage());
            }
        }
        return list;
    }


    public void insert(String str) {
        String sql = "insert into message (mes) values(";
        PreparedStatement ps = null;
        try {
            st = con.createStatement();
            st.executeUpdate(sql+str+")");
        } catch (SQLException ex) {
            System.out.println("添加数据发生异常:" + ex.getMessage());
        }
    }


    public void destoryConnection() {
        if (con != null) {
            try {
                con.close();
            } catch (SQLException ex) {
                System.out.println("释放连接异常： " + ex.getMessage());
            }
        }
```

```
    }
}
```

（3）创建 HMessage 类，即弹出窗口功能，在弹出的窗口显示数据。

```java
import javax.swing.JFrame;
import javax.swing.JScrollPane;
import javax.swing.JTable;
import java.util.ArrayList;
import java.util.Vector;
import java.awt.BorderLayout;
import java.awt.Container;

public class HMessage extends JFrame {
    private JTable table;
        Vector CellsVector = new Vector();
        Vector TitleVector = new Vector();
    DBCon dbcon = new DBCon();
    public HMessage(){
     super("聊天历史记录");      //调用父类构造函数
     try {
        dbcon.connectDB();
            this.TitleVector.add("编号");
            this.TitleVector.add("聊天内容");
        dbcon.select();
        ArrayList list = dbcon.select();
            for (int i = 0; i < list.size(); i++) {
                    message m = (message) list.get(i);
                    Vector v = new Vector();
                     v.add(m.getNumber());
                     v.add(m.getMes());
                     CellsVector.add(v);
            }
     }
     catch(Exception ex){
      ex.printStackTrace();    //输出出错信息
     }
     Container container=getContentPane();           //获取窗口容器
     table=new JTable(CellsVector, TitleVector);      //实例化表格
     container.add(new JScrollPane(table),BorderLayout.CENTER);    //增加组件
     setSize(600,300);          //设置窗口尺寸
     setVisible(true);          //设置窗口可视
     setDefaultCloseOperation(JFrame.EXIT_ON_CLOSE);      //关闭窗口时退出程序
    }
}
```

（4）在 Client 类中找到发送按钮的监听事件，把插入数据库功能添加进去。创建查看历史纪录的按钮添加监听事件。

```java
public class ChatClient extends JFrame implements ActionListener{
```

```java
    DBCon dbcon = new DBCon();
    ...
  public void actionPerformed(ActionEvent e) {      //监听某个事件的类
    Object obj = e.getSource();
    If(...)
      else if (obj == clientMessage||obj == clientMessageButton){   //发送消息
        SendMessage();
        clientMessage.setText("");
}

      else if(obj == HMessageItem||obj == HMessageButton) {        //查看历史记录
        HMessage hMesage = new HMessage();
      }
        ...
}
...
public void SendMessage(){
    String toSomebody = combobox.getSelectedItem().toString();
    String status    = "";
    if(checkbox.isSelected()){
      status = "悄悄话";
    }
    String action = actionlist.getSelectedItem().toString();
    String message = clientMessage.getText();
    mes ="""+userName+status+action+"对"+toSomebody+"说"+message+"";

    if(socket.isClosed()){
      return ;
    }
    try{
      dbcon.insert(mes);
      output.writeObject("聊天信息");
      output.flush();
      output.writeObject(toSomebody);
      output.flush();
      output.writeObject(status);
      output.flush();
      output.writeObject(action);
      output.flush();
      output.writeObject(message);
      output.flush();
    }
    catch (Exception e){
      //
    }
      ...
}
```

上述程序运行后的效果如图 12-6 所示。

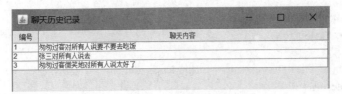

图 12-6　程序运行效果图

12.7　本章小结

本章我们主要学习了 JDBC 数据库知识。首先介绍了 JDBC 的概念以及它要实现的目的；然后介绍了 JBDC 的主要应用；最后介绍了 JDBC 应用的几种接口及类。通过本章学习，读者能够熟练应用数据库知识，掌握数据库的增删改查，以及 DriverManager 类、Connection 接口、Statement 接口和 ResultSet 接口的使用。